普通高等教育土木工程学科"十四五"规划教材（专业拓展课程适用）

铝结构原理与设计

THE PRINCIPLE AND DESIGN OF ALUMINUM STRUCTURE

刘红波　郭小农　欧阳元文　周　婷　编著

天津大学出版社
TIANJIN UNIVERSITY PRESS

内 容 提 要

本书主要讲述铝结构设计的基本理论和方法,为专业基础教材。本书结合《铝结构技术标准》《铝合金空间网格结构技术规程》和编者多年从事铝结构理论设计工作与教学的经验编写而成。全书共分 8 章,分别为铝结构概论、铝结构的材料、铝结构的连接、轴心受力构件的设计与原理、受弯构件的设计与原理、拉弯和压弯构件的设计与原理、铝合金空间网格结构设计以及国内典型铝合金空间网格结构工程实例。本书适用于土木工程专业,可作为高等学校教材,可也供从事土建工程的技术人员参考。

图书在版编目(CIP)数据

铝结构原理与设计 / 刘红波等编著. -- 天津 : 天津大学出版社, 2023.1

普通高等教育土木工程学科"十四五"规划教材

ISBN 978-7-5618-7303-8

Ⅰ.①铝… Ⅱ.①刘… Ⅲ.①铝合金－建筑结构－结构设计－高等学校－教材 Ⅳ.①TU395

中国版本图书馆CIP数据核字(2022)第159478号

LÜJIEGOU YUANLI YU SHEJI

出版发行	天津大学出版社
地　　址	天津市卫津路92号天津大学内(邮编：300072)
电　　话	发行部：022-27403647
网　　址	www.tjupress.com.cn
印　　刷	天津泰宇印务有限公司
经　　销	全国各地新华书店
开　　本	787 mm × 1092 mm 1/16
印　　张	10
字　　数	237千
版　　次	2023年1月第1版
印　　次	2023年1月第1次
定　　价	79.00元

普通高等教育土木工程学科"十四五"规划教材

编审委员会

普通高等教育土木工程学科"十四五"规划教材

编写委员会

主　任：韩庆华

委　员：（按姓氏音序排列）

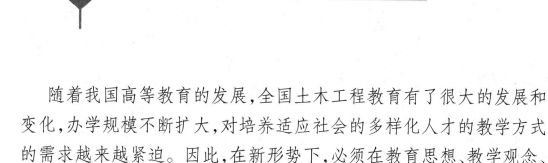

总序

随着我国高等教育的发展，全国土木工程教育有了很大的发展和变化，办学规模不断扩大，对培养适应社会的多样化人才的教学方式的需求越来越紧迫。因此，在新形势下，必须在教育思想、教学观念、教学内容、教学计划、教学方法及教学手段等方面进行一系列的改革，按照改革的要求编写新的教材。

高等学校土木工程学科专业指导委员会编制了《高等学校土木工程本科指导性专业规范》(以下简称《规范》)。《规范》对土木工程专业教材的规范性、多样性、深度与广度等提出了明确的要求。普通高等教育土木工程学科"十四五"规划教材编写委员会根据当前土木工程教育的形势和《规范》的要求，结合天津大学土木工程学科的特色和已有的办学经验，对土木工程本科生教材建设进行了研讨，并组织编写了这套"普通高等教育土木工程学科'十四五'规划教材"。为保证教材的编写质量，编写委员会组织成立了编审委员会，聘请了一批学术造诣深的专家作教材主审，组织了系列教材编写团队，指定长期给本科生授课、具有丰富教学经验和工程实践经验的教师完成教材的编写工作。在此基础上，统一编写思路，力求做到内容连续、完整、新颖，并避免内容的交叉和缺失。

我们相信，本套教材的出版将对我国土木工程学科本科生教育的发展和教学质量的提高以及土木工程人才的培养产生积极的作用，为我国的教育事业和经济建设做出贡献。

编写委员会

土木工程学科本科生教育课程体系

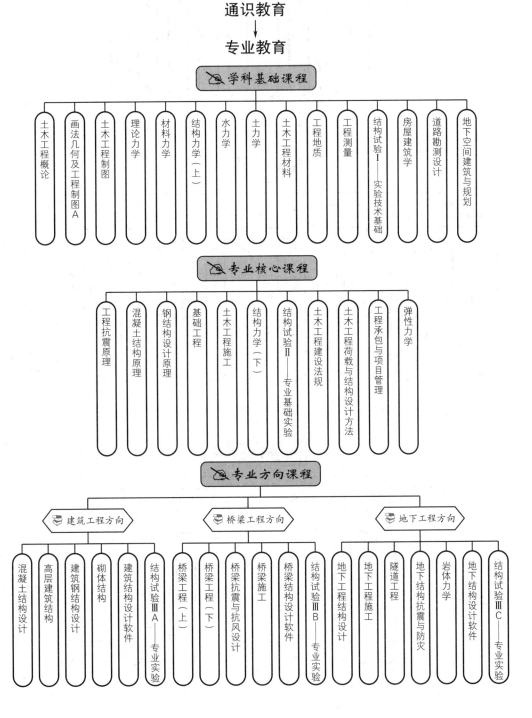

通识教育

↓

专业教育

学科基础课程

- 土木工程概论
- 画法几何及工程制图A
- 土木工程制图
- 理论力学
- 材料力学
- 结构力学（上）
- 水力学
- 土力学
- 土木工程材料
- 工程地质
- 工程测量
- 结构试验Ⅰ——实验技术基础
- 房屋建筑学
- 道路勘测设计
- 地下空间建筑与规划

专业核心课程

- 工程抗震原理
- 混凝土结构原理
- 钢结构设计原理
- 基础工程
- 土木工程施工
- 结构力学（下）
- 结构试验Ⅱ——专业基础实验
- 土木工程建设法规
- 土木工程荷载与结构设计方法
- 工程承包与项目管理
- 弹性力学

专业方向课程

建筑工程方向
- 混凝土结构设计
- 高层建筑结构
- 建筑钢结构设计
- 砌体结构
- 建筑结构设计软件
- 结构试验ⅢA——专业实验

桥梁工程方向
- 桥梁工程（上）
- 桥梁工程（下）
- 桥梁抗震与抗风设计
- 桥梁施工
- 桥梁结构设计软件
- 结构试验ⅢB——专业实验

地下工程方向
- 地下工程结构设计
- 地下工程施工
- 隧道工程
- 地下结构抗震与防灾
- 岩体力学
- 地下结构设计软件
- 结构试验ⅢC——专业实验

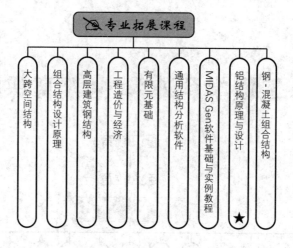

专业拓展课程

- 大跨空间结构
- 组合结构设计原理
- 高层建筑钢结构
- 工程造价与经济
- 有限元基础
- 通用结构分析软件
- MIDAS Gen软件基础与实例教程
- 铝结构原理与设计 ★
- 钢·混凝土组合结构

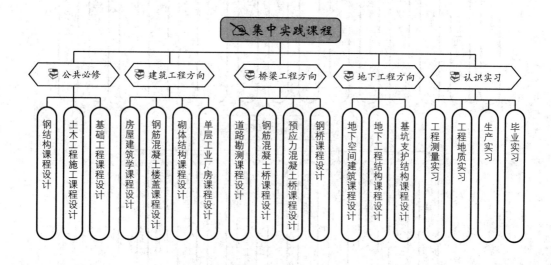

集中实践课程

公共必修
- 钢结构课程设计
- 土木工程施工课程设计
- 基础工程课程设计

建筑工程方向
- 房屋建筑学课程设计
- 钢筋混凝土楼盖课程设计
- 砌体结构课程设计
- 单层工业厂房课程设计

桥梁工程方向
- 道路勘测课程设计
- 钢筋混凝土桥课程设计
- 预应力混凝土桥课程设计
- 钢桥课程设计

地下工程方向
- 地下空间建筑课程设计
- 地下工程结构课程设计
- 基坑支护结构课程设计

认识实习
- 工程测量实习
- 工程地质实习
- 生产实习
- 毕业实习

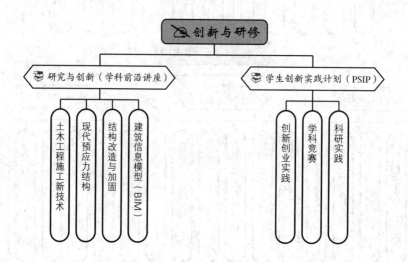

创新与研修

研究与创新（学科前沿讲座）
- 土木工程施工新技术
- 现代预应力结构
- 结构改造与加固
- 建筑信息模型（BIM）

学生创新实践计划（PSIP）
- 创新创业实践
- 学科竞赛
- 科研实践

前言

　　铝合金是一种新型工程结构材料,具有轻质高强、耐腐蚀性能好、韧性好、延展性好、可模性好等优点,且材料回收率可达 90% 以上,是一种高效、环保的工程结构材料,在大型施工设备难以到达的南北极地、山区高原,以及沿海、化工业建筑、游泳馆等腐蚀环境中具有广阔的应用前景。

　　编者结合在编国家标准《铝结构技术标准》、中国工程建设标准化协会标准《铝合金空间网格结构技术规程》(T/CECS 634—2019),以及多年来从事铝结构理论设计工作经验,从材料、构件节点及结构等方面,对铝结构设计原理部分进行了整理和编写,为专业教学提供基础。

　　本教材共分 8 章,包括铝结构概论、铝结构的材料、铝结构的连接、轴心受力构件的设计与原理、受弯构件的设计与原理、拉弯和压弯构件的设计与原理、铝合金空间网格结构设计以及国内典型铝合金空间网格结构工程实例;主要讲述铝结构的特点和设计方法、分类与应用,铝结构材料的工作性能、连接计算与构造要求,基本构件(轴心受力构件、受弯构件和拉、压弯构件)的工作性能与设计方法,铝合金空间网格结构中结构整体、构件与节点的构造与设计方法,并对国内典型铝结构实例进行了介绍。

　　为尽可能保证内容丰富完整,本教材中的部分内容引用了同行专家论著中的成果;研究生应皎洁、史文浩、杨文婷、刘晓娜、许峰等参加了部分校稿工作,在此一并表示感谢。

　　由于作者理论水平有限,本书难免存在不足之处,敬请读者批评指正。

编　者

2022 年 6 月

目　　录

第1章 铝结构概论

1.1 铝结构的定义和特点

铝结构(又称铝合金结构)是由铝合金型材、管材和板材通过节点连接而成的结构。铝结构和其他材料的结构相比具有以下特点。

1. 铝结构质量轻,强度相对较高

铝结构与钢结构相比自重较轻。结构的轻质性可以用材料的质量密度和强度的比值来衡量,该比值越小,结构相对越轻。铝合金的质量密度为 2 700 kg/m³,仅为钢材的 1/3,而强度与钢材相近。建筑钢材的质量密度与强度比值为 $(1.7{\sim}3.7)\times10^{-5}$ kg/(N·m),建筑常用的 6061-T6 铝合金材料的该值则约为 1.1×10^{-5} kg/(N·m),$7\times\times\times$ 系列热处理高强铝合金的该值仅约为 0.5×10^{-5} kg/(N·m)。以跨度相同的结构承受相同的荷载,铝结构可减轻自重 20%~30%,对于跨度较大的空间网格结构,其自重甚至仅为钢结构的 1/3~1/2。轻盈的结构体系可以跨越更大的跨度,减轻结构对底部支座的压力,降低地基和基础部分的造价,且具有较好的抗震性能。

2. 铝结构耐腐蚀性强

部分牌号的建筑用铝合金在空气中会发生钝化,表面会形成致密的氧化铝保护层,避免并阻止了外界对材料的进一步腐蚀。钝化层对铝结构具有高度的保护作用,极大程度地提高了结构的耐腐蚀性。铝结构在使用阶段可实现免维护且使用寿命较长,有良好的综合经济效益。铝合金适用于在一些腐蚀性较强的环境中服役的建筑结构,如游泳馆、化工行业和煤炭行业的厂房和仓库、海洋气候环境中的结构等。但铝合金的耐碱和耐酸性较差,当铝合金材料同其他会发生电化学腐蚀的金属材料或具有酸性或碱性的非金属材料连接、接触或紧固时,易发生电化学腐蚀。因此,在应用中,应采用与两侧材料都相容的无孔材料把铝合金与上述材料隔离开,以避免电化学腐蚀的发生。

3. 铝结构制作简单、施工工期短

铝合金的热挤压工艺可以提供任意截面形状的产品,为建筑设计提供了极大的便利,且加工准确度和精密度高。铝合金构件的质量较轻、连接简单,安装和运输较为方便,施工装配化程度高,可大大缩减施工工期。由于施工中多采用机械连接,故易于加固、改建和拆迁。

4. 铝合金回收利用率高、节能环保

铝合金材料回收利用率高达 90% 以上，节约能源、环保性好。

5. 铝结构外形美观

铝结构造型较为丰富，外形美观，具有较好的装饰效果。铝合金轻质高强，故其构件截面较小，结构整体秀气且不臃肿。将铝合金材料应用于建筑结构时，会使结构有净洁的外观和流畅的线条，给人以整洁优美之感。

6. 弹性模量相对钢材小

铝合金材料的弹性模量约为钢材的 1/3。因而对于铝结构而言，需对结构的稳定性给予足够的关注。

7. 铝合金材料高温性能较差

温度升高后，铝合金材料的强度和弹性模量下降较快。铝合金在 200 ℃时，强度明显下降；300 ℃时，强度降到常温条件下的 50% 以下；550 ℃时，强度和弹性模量基本丧失。铝合金材料的熔点为 600~650 ℃。因此，铝结构的表面长期受辐射温度达到 80 ℃以上时，应加隔热层或采取其他有效的保护措施；铝结构的正常使用环境温度应低于 100 ℃。对需要防火的铝结构可采用有效的水喷淋系统进行防护或喷涂消防部门认可的防火材料。

8. 铝合金材料受焊接影响较大

在焊接热影响区，除铝合金材料的各种力学性能指标急剧下降外，其表面氧化膜也会被损坏。此外，焊接还会造成靠近焊接区域的材料发生热软化。因此，铝结构的连接节点主要采用机械连接；需焊接时，焊接工艺可采用熔化极惰性气体保护电弧焊（MIG 焊）和钨极惰性气体保护电弧焊（TIG 焊）。

9. 对缺陷敏感，需格外关注抗疲劳性能

铝合金对应力集中和裂纹比较敏感，经过固熔热、人工时效、挤压成型等处理后，铝合金构件的疲劳强度相对较低，抗疲劳能力较差。

1.2　铝结构的分类

随着我国国民经济的迅猛发展，对建筑结构的要求逐渐提高，铝结构凭借其轻质高强、耐腐蚀性好、结构形式多样等特点逐渐发展起来，并得到广泛应用。目前，铝结构主要应用于大跨度建筑中，包括铝合金网架结构、铝合金网壳结构、铝合金空间桁架结构、铝合金门式钢架结构等。同时，在装配式框架、塔架结构中，铝合金材料也有所应用。

1. 铝合金空间网格结构

铝合金空间网格结构常采用的结构体系主要包括:①螺栓球节点体系;②毂式节点体系;③板式节点体系。本节主要针对上述三种结构体系进行介绍。

（1）螺栓球节点体系

螺栓球节点体系采用圆管及螺栓球节点进行连接,主要应用于铝合金网架或双层网壳结构中。铝合金螺栓球节点如图 1-1 所示,可见节点由螺栓球、螺栓、套筒、紧固螺钉、封板（或锥头）以及杆件（如铝管）组成。这种球节点连接与钢螺栓球节点连接的区别在于:钢螺栓球节点连接的杆件与封板（或锥头）通过焊接连接,而焊接会导致铝合金材料性能大幅度下降,因而铝合金螺栓球节点的杆件与封板间采用冷加工挤压连接。挤压连接方式如图 1-2 所示。其中:封板的外缘上设置有若干环形槽;顶压件顶压内卡环并使其在内锥孔内滑动;内卡环分成至少两片,片与片之间留有空隙,且设置有弹簧（或弹性垫片）;在挤压过程中,内卡环各片之间的弹簧被压缩,直到将杆件紧紧地挤压连接在封板上。该连接方法由中国建筑科学研究院研发和提出,并由浙江东南网架有限公司结合国家 500 m 口径球面射电望远镜铝合金背架结构项目对节点连接进行了改进（图 1-3）,建立了专业的生产线,将其生产制造工业化和产品化。

（a）

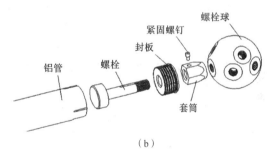

（b）

图 1-1　铝合金螺栓球节点

（a）实物图　（b）示意图

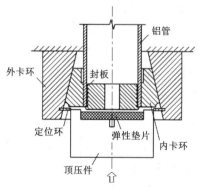

图 1-2　铝合金螺栓球节点挤压连接示意图

图 1-3　铝合金螺栓球节点网架

（2）毂式节点体系

在毂式节点体系中，两端经冲压加工的铝杆件与毂式节点进行连接，如图1-4所示。该体系适用于平板网架、曲面网壳，网格形式包括单层毂式节点网格、空腹式网格、局部加肋式网格和三角锥式网格（图1-5）。毂式节点体系由柱状体、杆件嵌入件、盖板、螺杆等零件构成。毂式节点体系的柱状体上有冲压成型的嵌入槽，嵌入槽数量根据连接杆件（杆件嵌入件）的数量可有6、8、12个等，杆件嵌入件的截面形状可为圆形或矩形，杆件的端部由特定设备进行直接压扁成型，形成与嵌入槽形状对应的凸肋状杆件嵌入件。安装毂式节点时，先将凸状肋插入对应的柱状体嵌入槽，再将盖板放置在上下两侧，然后用一根通长螺栓穿过上下盖板中心及柱状体中心后拧紧固定。毂式节点的优点包括安装方便、可以连接任意方向的杆件以及有效避免偏心的影响，但该体系也存在节点刚度尤其是平面内刚度偏弱的问题。

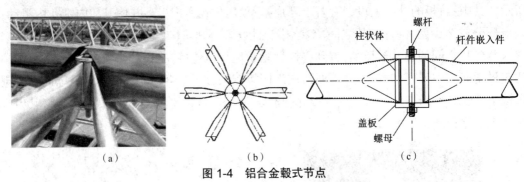

（a）　　　　　　　　（b）　　　　　　　　（c）

图1-4　铝合金毂式节点

（a）节点实体　（b）平面示意图　（c）立面示意图

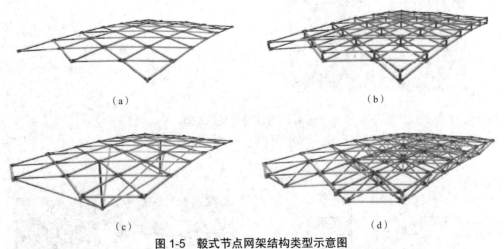

（a）　　　　　　　　　　　　（b）

（c）　　　　　　　　　　　　（d）

图1-5　毂式节点网架结构类型示意图

（a）单层毂式节点网格　（b）空腹式网格　（c）局部加肋式网格　（d）三角锥式网格

（3）板式节点体系

在板式节点体系中，H形截面铝杆件与板式节点（泰姆科节点）进行连接，铝杆件的上下翼缘通过螺栓与圆形连接盘连接（图1-6），传力可靠且便于施工。板式节点是美国Temcor公司的一项发明专利，并以其公司名命名，常被应用于单层网壳结构或平板型铝合金栅格结构。当将板式节点应用于单层网壳（图1-7）时，网壳结构表面为球面或其他曲面形状，因此根据不同的造型需要,节点连接盘的弧度、连接杆件的根数、杆件间的夹角均不相同,且上层连接盘的直径一般略大于下层连接盘;而用于平板铝合金格栅结构时,连接盘为平面形,不存在弧度。该体系通常适用于以承受轴向力为主,或承受弯矩及剪力作用较小的网格结构。该节点为半刚性,所有杆件的截面高度由于受节点形式的限制通常需保持一致,当结构存在较大局部受力或存在开口时,可采用双层泰姆科节点及双层 H 形截面杆件进行补强(图 1-6(c))。

也可将板式节点用于双层网架或网壳结构(图 1-8),其中弦杆与连接盘的连接与单层网壳结构中的相同,腹杆需要在端部焊接端板,通过紧固件将端板与连接盘连接。

（a）

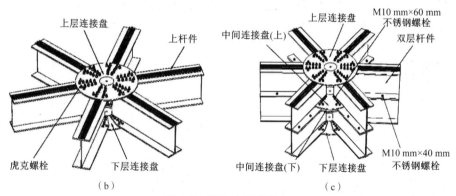

（b）　　　　　　　（c）

图 1-6　铝合金板式节点

（a）节点实体　（b）单层节点示意图　（c）双层节点示意图

图 1-7　铝合金板式节点单层网壳结构

图 1-8　铝合金式节点双层网架结构

2. 铝合金桁架结构

铝合金桁架结构主要由榫栓节点(图 1-9)、铝合金植板式节点(图 1-10)铝合金平面桁架结构(图 1-11)和铝合金空间桁架结构(图 1-12)等组成。榫栓节点铝合金平面桁架结构和植板式节点铝合金空间桁架结构受力合理、构造简单、结构可靠、设计制作与施工方便。铝合金桁架结构可采用直线或曲线形式。

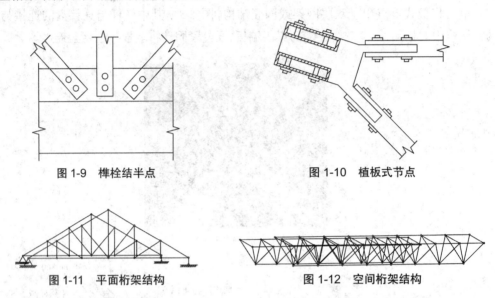

图 1-9　榫栓结半点　　　　　　　　　图 1-10　植板式节点

图 1-11　平面桁架结构　　　　　　　图 1-12　空间桁架结构

3. 铝合金门式刚架结构

铝合金门式刚架结构有单跨单层、单跨双层、局部夹层等形式。梁柱截面宜采用四孔矩形截面,型材内部可采用配套铝合金插芯加强。铝合金门式刚架结构常用的梁柱截面及插芯截面如图 1-13 所示。

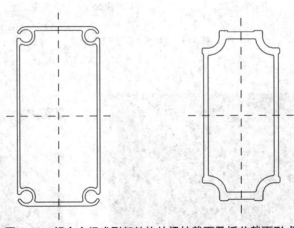

图 1-13　铝合金门式刚架结构的梁柱截面及插芯截面形式

在门式刚架结构中,屋檐节点可设置两块钢质外盖板进行连接(图 1-14(a));屋脊节点可在两侧设置钢质外盖板(图 1-14(b)),或采用 V 形铝合金插芯进行连接(图 1-14(c))。为增加屋檐和屋脊的刚度,可设置钢质屋檐斜撑和屋脊横撑,柱底宜与基础铰接。

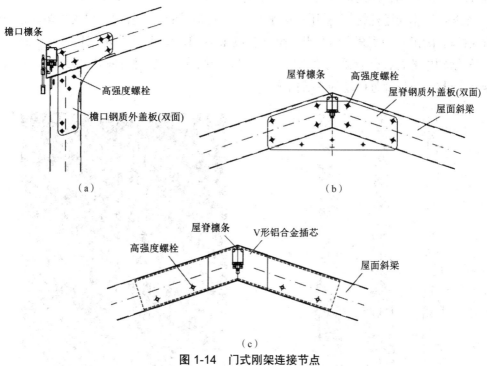

图 1-14　门式刚架连接节点

(a)屋檐节点(外盖板连接)　(b)屋脊节点(外盖板连接)　(c)屋脊节点(插芯连接)

4. 铝合金框架结构

铝合金框架结构可采用框架体系和框架支撑体系。在框架结构中,梁柱节点的形式宜采用顶底角钢或角铝连接(图 1-15(a)),在需要承受较大弯矩(M)的结构中可在节点区域增加连接腹板的角钢或角铝(图 1-15(b))。对于对承载力要求较低的结构,可以使用角铝作为连接件;对于对承载力要求较高的或应用于地震区的结构,宜采用不锈钢作为连接件材料。

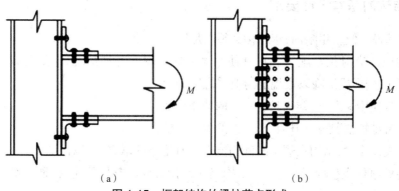

图 1-15　框架结构的梁柱节点形式

(a)普通连接　(b)加强连接

5. 铝合金塔架结构

铝合金塔架结构常用的形式有三管塔架、角铝塔架和单管塔架等（图1-16）。三管塔架宜采用无缝铝管作为塔柱材料，采用角铝作为腹杆；角铝塔的塔架柱等主要受力构件宜采用角铝，腹杆可采用截面面积较小的铝合金圆管或角铝；单管塔架则由单根锥形受力杆件构成。塔架结构中的各杆件宜采用紧固件进行机械连接，主要受力构件的连接螺栓宜使用双螺母或采取其他防止螺母松动的有效措施。

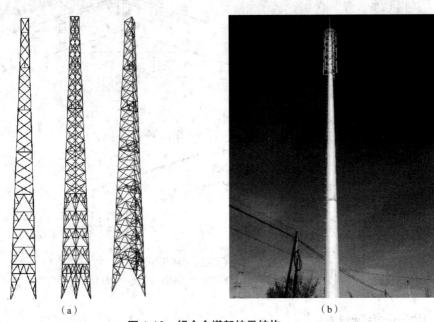

（a）　　　　　　　　　　　　　　　　　　　　　　（b）

图 1-16　铝合金塔架结示结构

（a）三管塔架　（b）单管塔架

1.3　铝结构的设计方法

1. 铝结构的基本设计要求

在规定的设计使用年限内，铝结构必须满足以下要求：

1）结构应能应对正常施工和正常使用时可能出现的各种情况，包括荷载和温度的变化、支撑结构的变形或沉降以及规定的地震作用等；

2）在正常使用情况下，结构具有良好的使用性能；

3）在正常维护情况下，结构具有足够的耐久性能；

4）在火灾发生时，结构在规定时间内能保持有足够的承载力，以保证人员财产安全；

5）在偶然事件发生时及发生后，结构仍能保持必要的整体稳定性，防止结构出现连续倒塌的情况。

结构计算的目的在于保证所设计的结构和构件满足预期的各种功能。因此，结构设计的准则为:结构中由各种荷载所产生的效应(内力和变形)不大于结构和连接的由材料性能和几何因素所决定的抗力或规定限值。影响结构功能的各种因素,如荷载、材料强度、截面尺寸、施工质量等都具有不定性,它们是结构设计中的随机变量。随机变量的存在,使结构的荷载效应可能大于结构自身的抗力,因此结构无法保证百分之百的可靠度,只能对结构的可靠度做出一定的概率保证。

2. 铝结构的设计方法

根据《铝结构设计规范》(GB 50429—2007),铝结构采用以概率理论为基础的极限状态设计方法,用分项系数设计表达式进行计算。

(1)概率极限状态设计方法

当结构或其组成部分超过某一特定的状态就不能满足设计规定的某一功能的要求时,此特定状态称为该功能的极限状态。

对铝结构进行极限状态设计时,应包括承载能力极限状态和正常使用极限状态两个方面,取各自的最不利组合进行设计。

1)承载能力极限状态:构件和连接的强度破坏、疲劳破坏和因过度变形而不适于继续承载;结构构件丧失稳定;结构转变为机动体系;结构倾覆。

2)正常使用极限状态:影响结构、构件和非结构构件正常使用或外观的变形;影响正常使用的振动;影响正常使用或耐久性的局部损坏。

结构的工作性能可用结构的功能函数来表示。若结构设计时需要考虑 n 个影响结构可靠性的随机变量,即 X_1,X_2,$\cdots$,X_n,则这 n 个随机变量之间的函数关系为

$$Z = g(X_1, X_2, \cdots, X_n) \tag{1-1}$$

式中:Z——结构的功能函数。

为了简化公式,以结构构件的荷载效应 S 和抗力 R 两个基本随机变量表达结构的功能函数,即

$$Z = g(R, S) = R - S \tag{1-2}$$

S 和 R 为随机变量,因此其函数 Z 也为随机变量。

在实际工程中,结构可能出现以下三种情况:① $Z > 0$ 时,结构处于可靠状态;② $Z = 0$ 时,结构达到临界状态;③ $Z < 0$ 时,结构处于失效状态。

在结构设计中,需要按照 $Z > 0$ 设计,并赋予一定的安全系数。但是,此时的结构并非绝对安全,结构失效的事例仍时有发生,这是由基本变量的不定性造成的。绝对可靠的结构是不存在的,因而对设计的结构的功能只能给出一定概率的保证。只要可靠的概率足够大,或者失效的概率足够小,便可视为设计的结构是安全的。

按照概率极限状态设计方法,将结构的可靠度定义为:结构在规定的时间内和规定的条件下,完成预定功能($Z \geq 0$)的概率。若以 p_s 表示结构的可靠度,则上述定义可表达为

$$p_s = P(Z \geq 0) \tag{1-3}$$

结构的失效概率以 p_f 表示,则

$$p_f = P(Z < 0) \tag{1-4}$$

由于事件($Z \geq 0$)和事件($Z < 0$)是对立存在的,所以结构的可靠度 p_s 与结构的失效概率 p_f 满足

$$p_s + p_f = 1 \qquad (1-5)$$

或

$$p_s = 1 - p_f \qquad (1-6)$$

因此,结构可靠度计算可以转换为对结构失效概率的计算。

结构可靠度 p_s 与结构失效概率 p_f 可采用一次二阶矩法间接计算得到。首先,确定功能函数 Z 的分布。运用一次二阶矩法可以求得可靠指标 β (安全指标):

$$\beta = \frac{\mu_z}{\sigma_z} \qquad (1-7)$$

式中: μ_z ——Z 的平均值;

σ_z ——Z 的标准差。

可靠指标 β 与失效概率 p_f 存在一一对应关系。β 增大, p_f 减小; β 减小, p_f 增大。

当 Z 为正态分布时:

$$\beta = \Phi^{-1}(1 - p_f) \qquad (1-8)$$

$$p_f = \Phi(-\beta) \qquad (1-9)$$

式中: $\Phi(\cdot)$ ——标准正态分布函数;

$\Phi^{-1}(\cdot)$ ——标准正态分布反函数。

如果 Z 不服从正态分布,可采用当量正态化方法转化为正态分布。《建筑结构可靠度设计统一标准》(GB 50068—2018)按结构破坏类型和安全等级分别规定了结构构件按承载力极限状态设计时采用的可靠指标 β 。

(2)设计表达式

进行铝结构设计时需要考虑永久荷载、可变荷载、风荷载、雪荷载、支承结构的变形或沉降、施工荷载、安装荷载、检修荷载及地震作用、温度作用。

结构承受基本荷载时,分项系数设计式可写为

$$\frac{R_k}{\gamma_R} \geq (\gamma_G S_{G_k} + \gamma_Q S_{Q_k}) \qquad (1-10)$$

式中: R_k ——抗力标准值;

S_{G_k} ——按标准值计算的恒荷载(G)效应值;

S_{Q_k} ——按标准值计算的可变荷载(Q)效应值;

γ_G, γ_Q ——恒荷载和可变荷载的分项系数;

γ_R ——材料性能分项系数。

各分项系数均与可靠指标 β 和各基本量的统计参数(平均值、标准值)有关。由于变量较多,设计较不方便,故利用优化法求得最佳分项系数,结合实际工程经验确定分项系数的固定值。

铝结构设计采用应力表达,即铝合金强度设计值,根据材料力学性能标准值除以抗力分

项系数得到,为便于设计应用,将得到的数值取 5 的整数倍。各类强度设计值的取值依据如下。

1)抗拉、抗压和抗弯强度设计值:$f = f_{0.2} / 1.2$。其中,$f_{0.2}$ 为铝合金材料的名义屈服强度标准值。

2)极限抗拉强度设计值:$f_{u,d} = f_u / 1.3$。其中,f_u 为铝合金材料的抗拉强度标准值。

3)抗剪强度设计值:$f_v = f / \sqrt{3}$。

4)局部承压强度设计值:$f_{ce} = f_u / 1.3$。

5)热影响区抗拉、抗压和抗弯强度设计值:$f_{u,haz} = \rho_{u,haz} f_u / 1.3$。其中 $\rho_{u,haz}$ 为极限抗拉强度的焊接折减系数。

6)热影响区抗剪强度设计值:$f_{v,haz} = f_{u,haz} / 1.3$。

（3）荷载组合

对于铝结构,按承载能力极限状态设计时,应考虑荷载效应的基本组合,必要时还应考虑荷载效应的偶然组合;按正常使用极限状态设计时,应考虑荷载效应的标准组合。

（a）承载能力极限状态荷载效应的基本组合

承载能力极限状态基本组合的效应设计值按下式中最不利值确定:

$$\gamma_0 S\left(\sum_{i \geqslant 1} \gamma_{G_i} G_{ik} + \gamma_P P + \gamma_{Q_1} \gamma_{L1} Q_{1k} + \sum_{j=1}^{n} \gamma_{Q_j} \psi_{cj} \gamma_{Lj} Q_{jk}\right) \leqslant f \qquad (1\text{-}11)$$

当作用与作用效应按线性关系考虑时,基本组合的效应设计值按下式中最不利值计算:

$$\gamma_0\left(\sum_{i \geqslant 1} \gamma_{G_i} S_{G_{ik}} + \gamma_P S_P + \gamma_{Q_1} \gamma_{L1} S_{Q_{1k}} + \sum_{j=1}^{n} \gamma_{Q_j} \psi_{cj} \gamma_{Lj} S_{Q_{jk}}\right) \leqslant f \qquad (1\text{-}12)$$

式中:γ_0——结构重要性系数(对于安全等级为一级或设计使用年限为 100 年以上的结构构件,其不应小于 1.1;对安全等级为二级或设计使用年限为 50 年的结构构件,其不应小于 1.0;对设计使用年限为 25 年的结构构件,其不应小于 0.9);

$S(\cdot)$——作用组合的效应函数;

G_{ik}——第 i 个恒荷载标准值;

P——预应力代表值;

Q_{1k}——第一个可变荷载标准值;

Q_{jk}——其他第 j 个可变荷载标准值;

$S_{G_{ik}}$——第 i 个永久荷载标准值的效应;

S_P——预应力代表值的效应;

$S_{Q_{1k}}$——第一个可变荷载标准值的效应;

$S_{Q_{jk}}$——其他第 j 个可变荷载标准值的效应;

γ_G——恒荷载分项系数(当永久荷载对结构构件的承载力不利时,取 1.3;当永久荷载效应对结构构件的承载力有利时,取 1.0);

γ_P——预应力作用分项系数(当预应力对结构构件的承载力不利时,取 1.3;当预应力

　　　　　对结构构件的承载力有利时,取 1.0);

γ_{Q_1}, γ_{Q_j}——第 1 个和其他第 j 个可变荷载分项系数(当可变荷载效应对结构构件的
　　　　　承载力不利时,取 1.5;有利时,取 0);

γ_{L_1}, γ_{L_j}——第 1 个和其他第 j 个考虑结构设计使用年限的荷载调整系数(结构设计
　　　　　使用年限为 100 年、50 年、5 年时,分别取 1.1、1.0、0.9);

ψ_{cj}——第 j 个可变荷载组合值系数,按照《建筑结构荷载规范》(GB 50009—2012)的
　　　　　规定取值。

(b)承载能力极限状态荷载效应的偶然组合

对于偶然组合,极限状态设计表达式宜按下列原则确定:

1)偶然作用的代表值(不乘荷载分项系数);

2)与偶然作用同时出现可变荷载,应根据观测资料和工程经验采用适当的代表值;

3)具体的设计表达式及各种系数,应符合专门规范的规定。

(c)正常使用极限状态荷载效应的组合

对于正常使用极限状态,铝结构一般只考虑荷载效应的标准组合,当有可靠依据和实践经验时,亦可考虑荷载效应的频遇组合。当考虑长期效应时,可采用准永久组合。对正常使用极限状态,材料性能的分项系数除各种材料的结构设计标准有专门规定外,应取 1.0。

1.4　铝结构的应用和发展方向

1. 铝结构的应用

　　从自 20 世纪 40 年代以来,铝合金广泛应用于国内外工业及民用建筑,其中使用最普遍的板式节点体系的工程已达 7 500 多个,遍布在 70 多个国家和地区。世界上最早的铝合金网架结构 "Mero 体系" 于 1940 年建造于德国。1951 年,英国建成 "探索" 穹顶,这是世界上最早建成的铝合金网壳结构,其直径为 111.3 m,矢高为 27.4 m,覆盖面积为 10 117 m²。随着相关研究的深入、规范的成熟、铝结构产业化的发展、加工技术和制造工艺的不断创新,铝合金在建筑结构中的应用越来越多元化。铝结构的应用场景主要可概括如下:①大跨屋面及空间网格结构;②处于腐蚀及潮湿环境中的结构,包括游泳馆、石油化工及煤炭储存等工业结构,以及桥梁等;③偏远地区结构;④可移动式结构或有快速装配需求的结构。下面选取国内外部分铝结构案例进行展示,如图 1-17 至图 1-26 所示。

　　国内的曹妃甸储煤仓结构是目前国内跨度最大的铝合金单层网壳结构(图 1-20)。由中国科学建筑研究院研发的铝合金螺栓球节点首次应用于国家 500 m 口径球面射电望远镜背架结构,为中国天文事业助力(图 1-21)。北京大兴国际机场航站楼创下了多项设计之最,大兴国际机场的点睛之笔即为 8 个支承于钢结构上的铝合金网壳(图 1-22)。最新建成的上海拉斐尔云廊全长 800 余米,为世界上最长的铝结构建筑(图 1-23)。南京牛首山佛顶宫穹顶的铝合金网壳结构由大小两个单体穹顶组成,通过结构形体表达营造出 "补天阙、修

莲道、藏地宫"的意境(图 1-24)。大兴国际机场航站楼、拉斐尔云廊及牛首山佛顶宫穹顶均采用具有复杂自由曲面的空间网格结构,相关施工技术已逐渐成熟,技术水平达到了非常高的水平。图 1-25 及图 1-26 则展示了铝合金在人行天桥与高耸结构中的应用。

图 1-17　英国"探索"穹顶

图 1-18　南极穹顶

图 1-19　美国佛罗里达煤炭穹仓

图 1-20　曹妃甸储煤仓

图 1-21　500 米口径球面射电望远镜

图 1-22　北京大兴国际机场

图 1-23　上海拉斐尔云廊

图 1-24　南京牛首山佛顶宫穹顶

图 1-25　北京西单人行天桥

图 1-26　英国布莱顿 i360 移动观光塔

在众多铝结构中,铝合金框架结构的工程应用非常有限,直至 2005 年欧洲才建成第一座铝合金框架结构建筑,该建筑位于希腊高烈度地震区,如图 1-27 所示。

（a）

（b）

图 1-27　欧洲第一座铝合金框架结构（ 2005 年,希腊 ）
（a）结构施工现场　（b）框架节点

除前述的各种铝结构外,铝合金近年来还广泛用于轻型篷房及临时展厅,如图 1-28 所示。由于铝合金装配式结构的加工精度高且自重轻,便于拆装及运输,在篷房及临时展厅等轻型、可移动、可拆卸的结构中大受欢迎。

（a）

（b）

图 1-28　轻型、可移动、可拆卸的铝结构实例
（a）北京清华大学的铝合金临时篷房　（b）英国帝国理工学院某临时铝合金展厅外骨架

2. 铝结构的发展方向

随着经济和技术的发展,铝结构也在逐渐发展,主要体现在其结构形式不断创新。结合铝合金材料的性能和结构特点,铝结构主要用于大跨度空间结构、腐蚀环境中的建筑以及有便于运输、可拆装要求的临时结构。随着国家对于装配式绿色建筑的需求不断提高,铝结构的发展潜力巨大,但目前其还存在一些问题亟待解决。

（1）高强度铝合金材料的应用

应逐步发展高强度铝合金建筑材料。除 6061-T6 铝合金外，6082 和 7×××系列铝合金在建筑结构中的应用尚有待进一步研究,同时也需要不断研制性价比更为优越的新品种结构用铝合金材料。

（2）结构形式的创新发展

由于铝合金受焊接影响较大,铝结构体系和连接节点形式均较为局限。应不断创新铝合金的结构形式,使之更加多样化,可考虑研发大跨结构与预应力拉索相结合的体系,进一步强化铝结构轻质、高性能的特性,并拓展铝合金框架结构的应用。

（3）铝合金抗火性能研究

铝合金材料的抗火性能较差,高温下其材料强度和弹性模量丧失较快。常用的防火方法如防火涂层法和防火板隔离法在铝结构的实际应用中难以操作,主要问题是高温下防火涂层在铝合金表面的附着力较差,难以实现有效黏附;铝结构通常轻巧骨感,采用防火板隔离法会使结构显得十分臃肿,影响结构的美观性。国内铝结构的高温设计方法仍采用国外的材料强度折减系数法,但该设计方法较为保守,经济性能差。因此,亟须对铝结构的抗火性能进行研究,并提出针对性的防火措施。

（4）铝合金抗疲劳性能研究

相比于钢材,铝合金的延性较弱,抗疲劳性能相对较差,且所采用的机械连接中往往由于开孔或截面突变存在应力集中。目前,国内关于铝结构的疲劳设计方法的研究尚且空白,有待开展系统的研究。

第2章 铝结构的材料

2.1 铝结构对材料的要求

铝合金材料的种类繁多,不同种类的铝合金的性能差别较大,用途也千差万别。选用铝合金材料时,应根据结构的重要性、荷载特征、结构形式、应力状态、连接方式、材料厚度等因素,选用适合的铝合金牌号、规格及相应的状态,且应符合相关现行国家标准的规定和要求。

铝结构使用的铝合金材料必须符合以下要求。

1)用于承重结构的铝合金应采用轧制板、冷轧带、拉制管、挤压管、挤压型材、棒材等锻造铝合金。

2)铝结构材料型材一般选用5×××系列和6×××系列,板、带材宜采用3×××系列和5×××系列。在需要轻质高强的铝合金材料时,可采用7×××系列等高强度铝合金。

3)结构用铝合金材料应具有较高的强度。高强度指较高的抗拉强度和屈服点。屈服点是衡量结构承载能力的指标,高屈服点可减轻结构自重,有利于节约材料、降低造价及提高结构的抗震性能。抗拉强度是衡量铝合金材料经过较大变形后的抗拉能力,高抗拉强度为结构的安全提供了保障。

4)结构用铝合金应具有足够的延展变形能力。延性较好的结构在荷载作用下具有充足的变形能力,可降低发生结构脆性破坏的风险。

5)结构用铝合金应具有良好的机械加工性能。机械加工性能好,意味着易于制成各种形式的结构构件,且不会对材料的性能产生较大的不利影响。

2.2 铝合金的主要性能

1. 单向均匀拉伸时铝合金的力学性能

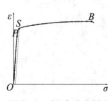

图 2-1 铝合金材料的受控时应力 - 应变曲线

建筑结构中常用的铝合金材料在常温静力荷载作用下的破坏往往发生得较为突然。通过肉眼观测发生破坏的构件,往往无明显颈缩现象,断口不规则。进行单向均匀受拉试验时的应力 - 应变曲线如图 2-1 所示。由该曲线可以得到铝合金材料的力学性能指标。

(1)强度

图 2-1 所示为铝合金材料受控时的应力 - 应变曲线,其为一条无屈服点的连续曲线,可划分为 3 个部分:线弹性部分,即原点 O 至比例

极限点 P（比例极限应力 f_p 一般为与 0.01% 残余应变相对应的应力）；非线性部分，即 P 点至"拐弯点" S；应变硬化部分，即超过非线性部分后直至极限强度（或抗拉强度）f_u 所对应的曲线最高点 B。

由于铝合金材料没有明显的屈服点和屈服台阶，其屈服条件（条件屈服点 S）是根据试验结果人为规定的。该点是以卸载后试件残余应变为 0.2% 所对应的应力定义的，该应力用 $f_{0.2}$ 表示。当以 $f_{0.2}$ 作为强度限值时，极限强度（或抗拉强度）f_u 高于 $f_{0.2}$ 的部分则成为材料的强度储备。

（2）塑性性能

塑性是指当应力超过屈服点后，能产生显著的残余变形（塑性变形）而不立即发生断裂的性质。当应力超过比例极限后，发生的变形包括弹性变形和塑性变形，塑性变形是不可逆的，此时材料便呈现塑性性能，但不能恢复到初始状态。试件被拉断时的绝对变形值与试件原标距之比的百分数，称为伸长率 δ。伸长率在一定程度上反映了材料在单向受拉伸时的塑性应变能力。试件标距长度与试件截面长度之比为 5 时的伸长率以 δ_5 表示。

（3）延性性能

延性性能是指结构、构件或构件的某个截面从屈服开始到达最大承载能力（或承载能力未出现明显下降）期间的变形能力。延性性能包括弹性性能和塑性性能两部分。铝合金材料具有较好的延性，其构件或构件的某个截面的后期变形能力强，能避免脆性破坏的发生，且具有良好的抗震性能。

（4）铝合金力学性能指标

常见的铝合金材料的力学性能指标包括弹性模量 E、泊松比 ν、剪切模量 G、线性膨胀系数 α、质量密度 ρ，相关取值见表 2-1。

表 2-1　铝合金材料的力学性能指标

弹性模量 E（N/mm²）	泊松比 ν	剪切模量 G（N/mm²）	线性膨胀系数 α（以每℃计）	质量密度 ρ（kg/m³）
70 000	0.3	27 000	2.3×10^{-5}	2 700

2. 耐腐蚀性

腐蚀是建筑结构的难题之一，特别是钢结构的腐蚀问题极为严重。因为腐蚀导致的结构破坏或维修的案例很多。通常，铝合金在空气中会发生钝化，在表面形成致密的氧化铝保护层，能有效阻止外界对其进一步腐蚀。钝化层对铝结构具有高度保护作用，极大程度地提高了结构的耐腐蚀性，因此铝结构在使用阶段基本可以做到免维护，使用寿命较长。

铝的纯度越高，其耐腐蚀性越好。铝合金的耐腐蚀性能由其化学成分、生产工艺、热处理方式和应力场而定。对于铝合金而言，同其他会发生电化学腐蚀的金属材料（如钢材）或具有酸性或碱性的非金属材料（如潮湿和腐蚀环境中的混凝土、砂浆、木材与砖石等）连接、接触或紧固时,可能会发生接触腐蚀。对于与其他金属发生的电化学腐蚀,应采用与两侧材料都相容的无孔材料把铝与其他金属隔开的方式进行防护,或进行电镀;当铝合金与非金属材料接触时,可使用沥青或双氧涂料来防止接触腐蚀。

3. 可焊性

可焊性是指采用一般焊接工艺就可以完成合格的(无裂纹的)焊缝的性能。

铝合金的可焊性较差,焊接影响区内材料强度会显著降低,热影响区内材料与母材的强度差随温度的升高而增大。因此,铝合金构件主要采用机械连接,以不锈钢螺栓或铆钉连接为主。

焊接铝合金时存在以下问题。

1)铝与氧的亲和力较大,材料表面会形成一层熔点高于铝的氧化铝,阻碍金属熔合。

2)铝合金材料中添加的合金元素不同,对焊接裂纹的影响不同。

3)铝合金的固态和液态色泽难以区别,焊接时难以控制熔池温度。

4)焊接后容易出现气孔,焊接接头区易发生软化。

需进行铝合金焊接时,可采用熔化极惰性气体保护电弧焊(MIG 焊)和钨极惰性气体保护电弧焊(TIG 焊)等焊接工艺。采用焊接连接时,宜采用合理的焊接工艺,焊接造成的强度损失不宜大于 30%。

2.3　各种因素对铝合金主要性能的影响

1. 化学成分

铝合金由各种化学成分组成,各化学成分及含量对铝合金材料的性能(特别是力学性能)会产生重要影响。铝合金的合成方式类似钢材,即在纯铝中加入合金元素制成合金材料,铝合金材料中可能存在的其他元素包括镁(Mg)、锰(Mn)、硅(Si)、铜(Cu)、铁(Fe)、锌(Zn)、磷(P)。

镁(Mg)元素可以降低铝合金的密度,对铝合金的耐腐蚀性影响较小,具有固溶强化的作用。当 Mg 元素的质量分数达到 0.2%~0.5% 时,铝合金的抗拉强度和弹性模量均得到提高,但是韧性降低。Mg 元素过多会使铝合金容易氧化,使氧化皮增多。若 Mg 元素作为杂质存在,会使铸件变脆。

锰(Mn)元素对铝合金有固溶强化的作用,可提高铝合金的强度。Mn 元素能与铝合金中的杂质 Fe 元素形成化合物,在一定程度上改善韧性,减少 Fe 元素的有害作用,提高铝合金的抗腐蚀性能。

硅(Si)元素能有效改善铝合金的流动性能,从共晶到过共晶都能得到最好的流动性,单结晶析出的硅易形成共晶点。Si 元素含量较高的 Al-Si 合金中的共晶硅一般要进行变质处理使之细化,使 Si 元素略低于共晶点。Si 元素还可以改善铝合金的抗拉强度、硬度、可切削性以及高温时的强度,但会降低其延伸率。

铜(Cu)元素能增加铝合金的硬度,提高耐热强度。Cu 元素在固溶体中的溶解度高于 Mg 元素,通过固溶强化和析出中间相(Al_2Cu)化合物,能使铝合金强度获得较大的提高,但是会降低耐腐蚀性能。

锌(Zn)元素能有效提高铝合金的致密性,有利于脱模,但会降低铝合金的力学性能,且会使铝合金的高温脆性变大,可能存在使铸件产生裂纹的倾向。当铝合金中 Zn 元素的质量分数大于 10% 时,能显著提高铝合金的强度。

铁(Fe)元素是铝合金材料中的有害杂质,会增加铝合金的脆性,易生成 β 相(针状)降低铝合金的强度。铝合金中含有大量 Fe 元素会生成金属化合物,形成硬点,当含铁量达到 1.2% 时,会降低铝合金的流动性,损害铸件品质,缩短压缩设备的寿命。所以,在生产过程中应尽量减少人为致使的含铁量增高,对铁质钳和工具进行有效保护,控制铝合金中 Fe 元素的含量。

磷(P)元素在铝合金中形成 Al-P 细晶,使合金中结晶出细小的初晶 Si,能有效细化晶粒。

2. 冶金缺陷

铸锭铝合金材料常见的冶金缺陷包括偏析、气孔、裂纹、分层、缩孔和疏松、非金属夹杂和氧化膜等。偏析是指材料中的化学成分不一致和不均匀,分为显微偏析和宏观偏析,对铝合金材料性能影响极为严重。气孔是铸锭表面与内部由于气体而产生的各种形状和大小的孔洞,孔壁表面比较光滑,带有金属光泽,有些氧化色,一般呈圆形。裂纹是由收缩应力的破坏作用产生的,一般分为冷裂纹和热裂纹。分层是指铸锭中存在杂质,导致轧制时铝合金材料出现明显的壳状分层或弧形裂缝的现象,会严重降低铝合金材料的冷弯性能。缩孔是铸锭上产生的一些宏观和显微孔洞,容积大而集中的缩孔称为集中缩孔,细小而分散的缩孔称为疏松缩孔。任何形态的缩孔和疏松都会减小铸锭受力的有效面积,在力作用位置产生集中应力,显著降低铝合金材料的力学性能。非金属夹杂是指在熔炼和铸造过程中,将溶剂、炉渣、油污、泥土和灰尘中的氧化物、氮化物、碳化物带入熔体并除渣不彻底,导致铸锭中有夹杂的情况。在铸锭中主要由氧化铝形成的杂质称为氧化膜。由于氧化膜很薄,其与基体金属结合非常紧密,在未变形的铸锭宏观组织中难以发现,对铸锭进行变形并淬火,做断口检查时发现其呈现褐色、灰色或浅灰色的片状平台,断口两侧平台对称。

3. 温度影响

铝合金材料的性能随着温度的改变而变化,如图 2-2 所示。从总体趋势上看,随着温度的升高,铝合金材料的强度降低,应变增加;反之,随着温度降低,铝合金材料的强度逐渐升高,塑性性能也逐渐增强。

在温度升高过程中,当温度达到 200 ℃时,铝合金的强度开始明显下降;300 ℃时,铝合金的强度下降到常温下的 50% 以下;550 ℃时,铝合金的强度和弹性模量基本丧失;660 ℃为铝合金材料的熔点。铝结构的正常使用环境温度应低于 100 ℃。

在温度降低过程中,铝合金的极限强度和名义屈服强度逐渐提高,6061-T6 铝合金的弹性模量也逐渐提高,断后伸长率和断面收缩率随温度变化不明显,但总体都呈现上升的趋势,并且都高于室温下的数值,表现出良好的低温塑性。对于钢材,将低于可能发生脆断的温度定义为临界温度。而对于铝合金,不必规定临界温度,认为铝合金对于低温或室温的脆性断裂的敏感性小于钢材。因此,相关设计规范中一般不要求测定铝合金的断裂韧性。

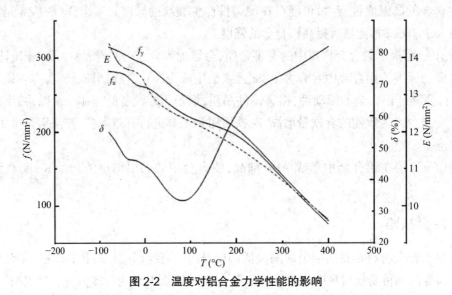

图 2-2　温度对铝合金力学性能的影响

4. 应力集中

计算铝合金构件时,通常以应力沿构件截面均匀分布作为基本假定(即平截面假定)。而实际上铝结构的构件可能存在孔洞、槽口、凹角、截面突变以及铝合金材料内部缺陷等。此时,构件的应力分布不再保持均匀,而是在某些区域产生局部高峰应力,在另外一些区域的应力降低,形成所谓的应力集中现象。对于轴拉构件而言,应力高峰区的最大应力与净截面的平均应力之比称为应力集中系数。研究表明,在应力高峰区总是存在着同号的双向或三向应力,这是因为由高峰拉应力引起的截面横向收缩受到附近低应力区的阻碍而产生垂直于内力方向的拉应力 σ_y,在较厚的部位力还产生 σ_z,使材料处于复杂受力状态。由能量强度理论可知,这种同号的平面或立体应力场有使材料变脆的趋势。应力集中系数越大,材料变脆的倾向越严重。但是由于建筑用铝合金材料具有一定的塑性,在静力荷载作用下能进行内力重分配,使应力分布严重不均区域的应力趋于平缓。故对于在常温下受静荷载作用的构件,在计算中可不考虑应力集中的影响。但是对于在动力荷载作用下工作的结构,应力集中的不利影响将十分突出,往往会引起脆性破坏,故在设计中应采取措施避免或减小应力集中,且应选用质量优良的铝合金材料。

5. 反复荷载作用

结构中的铝合金构件在反复荷载作用下,结构的抗力和性能都会发生重要的变化,甚至发生疲劳破坏。在直接、连续、反复的动力荷载作用下,材料中的损伤不断累积,最终在远低于单调拉伸试验的极限强度 f_u 的应力作用下发生断裂,这种现象称为疲劳。疲劳破坏表现为突然发生的脆性破坏。

在循环加载过程中,由于材料中不可避免的存在初始"缺陷",在"缺陷"处的微小区域内将会产生局部塑性变形,材料产生损伤形成细微的疲劳裂纹。随着循环次数的增加,损伤不断累积,材料中的细微疲劳裂纹逐渐扩展为宏观裂纹,试件截面强度削弱,在裂纹根部出现应力集中现象,使材料处于三向拉伸应力状态,塑性变形受到限制,当反复荷载达到一定次数时,材料最终发生破坏,表现为突然的脆性破坏。

实践证明,材料的应力水平不高,或受荷载反复次数不多的铝合金材料一般不会发生疲劳破坏,计算中不需要考虑疲劳的影响。但是,对于长期受频繁的反复荷载作用的结构及其连接,在设计中必须考虑结构的疲劳问题。

以上介绍了各种因素对铝合金材料基本性能的影响,通过研究和分析以上因素,可知在设计、制造和使用铝合金时应从多方面共同考虑,尽力做到合理设计、正确制造和使用。

2.4　复杂应力作用下铝合金的屈服条件

在单向拉伸试验中,应力达到屈服点,铝合金材料即进入塑性状态。在复杂应力状态(图 2-3)下,铝合金由弹性状态转入塑性状态的条件是按照能量强度理论计算的折算应力 σ_{eq} 与单向应力下的屈服点相等,即

$$\sigma_{eq} = \sqrt{\sigma_x^2 + \sigma_y^2 + \sigma_z^2 - (\sigma_x\sigma_y + \sigma_x\sigma_z + \sigma_y\sigma_z) + 3(\tau_{xy}^2 + \tau_{xz}^2 + \tau_{yz}^2)} = f_y \quad (2\text{-}1)$$

当 $\sigma_{eq} < f_{0.2}$ 时,为弹性阶段。

由式(2-1)可知,如果三向应力同号,且绝对值又接近时,即使三向应力都很大,且远远大于屈服点,但由于差值不大,折算应力小,材料就不容易进入塑性状态,可能直至材料破坏都不会进入塑性状态。因此,材料处于同号应力状态时容易发生脆断。相反,如果存在异号应力,且同号的两个应力又相差较大时,就较容易进入塑性状态。此时,可能最大应力尚未达到屈服点时,材料就已经进入塑性状态了。因此,材料处于异号应力状态时,容易发生塑性破坏。

当三向应力中有一向应力很小或为零时,则属于平面应力状态。此时,式(2-1)可写为

$$\sigma_{eq} = \sqrt{\sigma_x^2 + \sigma_y^2 - \sigma_x\sigma_y + 3\tau_{xy}^2} = f_y \quad (2\text{-}2)$$

在一般的梁中,只存在正应力 σ 和剪应力 τ,则

$$\sigma_{eq} = \sqrt{\sigma^2 + 3\tau^2} = f_y \quad (2\text{-}3)$$

当只存在剪应力时, $\sigma = 0$,由式(2-3)可得

$$\sigma_{eq} = \sqrt{3} f_{vy} = f_y \quad (2\text{-}4)$$

$$f_{vy} = \frac{f_y}{\sqrt{3}} = 0.58 f_y \quad (2\text{-}5)$$

由式(2-5)和《铝结构设计规范》(GB 50429—2007)可知,铝合金材料抗剪设计强度约为抗拉强度的 58%。

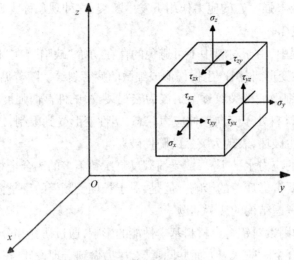

图 2-3　复杂应力状态

2.5　铝合金的种类和规格

1. 铝合金的种类

铝合金的分类如图 2-4 所示。根据加工方式的不同，铝合金分为变形铝合金和铸造铝合金两大类。变形铝合金是采用冲压、弯曲、轧、挤压等工艺使原材料发生组织、形状变化形成的铝合金。上述加工方式可加工各种形态、规格的铝合金材料。根据性能及使用的特点，变形铝合金可分为防锈铝合金、硬铝合金、超硬铝合金、锻铝合金等。工程中常使用变形铝合金制造航空器材、建筑用门窗等。铸造铝合金是在不同形状的铸造腔中填充

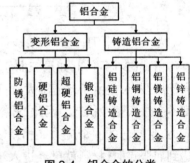

图 2-4　铝合金的分类

熔融金属，从而获得相应形状的毛坯铝合金零件。根据使所用的熔融金属成分，铸造铝合金可分为四个系列，包括铝硅铸造合金、铝铜铸造合金、铝镁铸造合金和铝锌铸造合金。

防锈铝合金的主加元素为 Mn 或 Mg，优点是易加工成型、易于焊接、抗腐蚀能力较强，缺点是不可以热处理强化、强度低、切削性较差，多用于制造管道等抗腐蚀用品。

硬铝合金为在 Al-Cu 合金中增加 Mg 或 Mn 形成的 Al-Cu-Mg（普通硬铝）或 Al-Cu-Mn（耐热硬铝）系合金，该类合金的优点是相对密度低、质量轻、强度高，缺点是抗腐蚀性能较差，广泛应用于航空、航天等领域。

超硬铝合金为 Al-Zn-Mg-Cu 系合金，含有少量的 Cr 和 Mn。超硬铝合金的抗拉强度在 600~700 MPa，为变形铝合金中强度最高的一种合金，并且其热处理强化效果最为显著，热塑性好且易于加工成型，缺点是对缺口较为敏感、抗腐蚀性能差、疲劳极限低，以及在高温环境下软化快。

锻铝合金有 Al-Mg-Si、Al-Cu-Mg-Si、Al-Cu-Mg-Fe-Ni 等合金系。该类合金的合金组成元素种类多、单组分含量少,优点为热塑性和锻造性较好,可经热处理强化。其中,Al-Mg-Si 系合金适用于如飞机和发动机中形状复杂、对材料工艺性和耐腐蚀性要求均较高的型材和锻件等零件;Al-Cu-Mg-Si 系合金适用于制造形状复杂或承受中等载荷的各类大型锻件,不宜用于薄壁零件;Al-Cu-Mg-Fe-Ni 系合金的耐腐蚀性较强,适用于制造发动机活塞等在高温、腐蚀环境中工作的零件。

铝铜铸造合金出现时间最早,其优点是强度高、热稳定性能好,缺点是铸造性能和抗腐蚀能力较差。铝硅铸造合金又被称为"铝硅明"合金,其铸造性能最好,力学性能、抗腐蚀性、气密性以及焊接性能均较好。铝镁铸造合金的抗腐蚀性能最好,且强度高、密度小、气密性好。铝锌铸造合金不经过热处理过程便可以得到较高的强度,但该合金密度大,又被称为"锌硅铝明"合金。

2. 铝合金的规格

铝合金的命名由牌号和状态号两部分构成,牌号表示其合金成分及合金含量,状态号表示合金的加工状态(生产阶段)。目前,我国现行国家标准《变形铝及铝合金牌号表示方法》(GB/T 16474—2011)借鉴美国标准规定了铝合金牌号的命名方法,《变形铝及铝合金状态代号》(GB/T 16475—2008)规定了铝合金状态代号的命名方法。

《变形铝及铝合金牌号表示方法》(GB/T 16474—2011)中按照牌号将铝合金一共分为 $1 \times \times \times$ 至 $9 \times \times \times$ 九大类。$1 \times \times \times$ 表示纯铝,其铝元素的含量(质量分数)不低于总元素含量的 99.0%,最后的两位数字表示在合金中铝元素的最低百分含量,当精度达到 0.01% 时,最后两位数字表示铝元素最低百分含量的前两位小数。$2 \times \times \times$ 至 $8 \times \times \times$ 系列中最后两位数字没有特殊含义,其作用是区分每一组中的不同合金。变形铝和铝合金牌号的第一位数字用来区分合金元素;牌号的第二位若为数字,则表示对合金组成元素的修改次数(若为 0 代表原始合金,若为其他数字则代表对该合金元素的修改次数),若为字母 A 则表示原始纯铝或者原始合金,若为其他字母则表示原始纯铝或者原始合金的改型。不同牌号的变形铝和铝合金的元素组成、性能及应用见表 2-2。常见结构用铝合金板、带、棒、管、型材的牌号、力学性能及化学性能于附录 A 中列出。

表 2-2　不同牌号铝合金的性质

牌号	主要成分	强度(N/mm^2)	抗腐蚀性	可焊性	应用领域
$1 \times \times \times$	Al(纯铝)	30	优	视情况而定	壁板、天花板和容器等低应力结构
$2 \times \times \times$	Cu	300	差	否	铆接连接的航空工业构件
$3 \times \times \times$	Mn	40	好	否	墙面和屋面系统
$4 \times \times \times$	Si	40	好	否	钎焊材料,建筑结构不常使用
$5 \times \times \times$	Mg	100~250	良	是	强腐蚀环境中的结构
$6 \times \times \times$	Mg、Si	250	好	是	轧制型材、管材和挤压型材

续表

牌号	主要成分	强度（N/mm²）	抗腐蚀性	可焊性	应用领域
7×××	Mg、Zn	250~300	较好	是	挤压或轧制热处理合金,多用于重要结构
8×××	其他合金为主要合金元素的铝合金	/	/	/	不适用于建筑结构
9×××	备用铝合金	/	/	/	为铝合金发展需要而设立,建筑结构基本不适用

《变形铝及铝合金状态代号》（GB/T 16475—2008）中规定,用状态代号表示变形铝合金的加工状态。状态代号由基础状态代号和细分状态代号两部分构成,其中基础状态代号表示方法及含义、适用产品情况,见表2-3。

表 2-3 变形铝合金的基础状态代号及适用产品

基础状态代号	名称	适用产品
F	自由加工状态	成型时对加工硬化和热处理条件没有特殊需求,对力学性能不做规定
O	退火状态	完全退火后得到最低强度
H	加工硬化状态	通过加工硬化来提高强度
W	固溶热处理状态	固溶热处理后处于自然时效不稳定状态的阶段
T	不同于F、O、H的热处理状态	固溶热处理后处于稳定状态

《铝结构技术规范》（GB 50429—2007）中规定,建议在建筑结构中使用5×××系和6×××系铝合金型材,在需要轻质高强的铝合金材料时,可采用7×××系列等高强铝合金。其中,6061-T6铝合金经过固溶热处理及人工时效处理,其名义屈服应力与Q235钢的屈服应力接近,材料性能较好,并且易于挤压成型,因而常常被应用于建筑结构中,该合金牌号中的"T6"指T类细分状态代号。T类细分状态代号及释义见表2-4。

表 2-4 T 类细分状态代号及释义

状态代号	释义	状态代号	释义
T1	高温成型＋自然时效	T6	固溶热处理＋人工时效
T2	高温成型＋冷加工＋自然时效	T7	固溶热处理＋过时效
T3	固溶热处理＋冷加工＋自然时效	T8	固溶热处理＋冷加工＋人工时效
T4	固溶热处理＋自然时效	T9	固溶热处理＋人工时效＋冷加工
T5	高温成型＋人工时效	T10	高温成型＋冷加工＋人工时效

第3章 铝结构的连接

3.1 铝结构的连接方法

连接的作用是将板材或型材组合成构件,再将构件组合成结构,以保证结构各部件共同受力。在铝结构中,连接方式及质量直接影响结构的工作性能。所以,连接必须符合安全可靠、传力明确、构造简单、制造方便和节约用料的原则。

铝结构的连接方法可分为紧固件连接和焊接连接(图3-1(a)),其中紧固件连接又分为铆钉连接(图3-1(b))及螺栓连接(图3-1(c))。

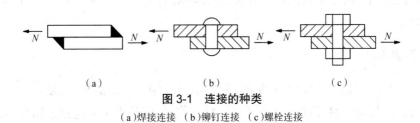

（a） （b） （c）

图3-1 连接的种类

（a）焊接连接 （b）铆钉连接 （c）螺栓连接

1. 焊接连接

焊接是铝结构中广泛使用的一种连接方法。可以采用各种方法焊接铝合金,如熔焊、压力焊和其他特殊方法。

在结构焊接中,通常采用有惰性气体保护的两种熔焊方法:钨极惰性气体保护(TIG)焊接(图3-2(a));金属惰性气体保护(MIG)焊接(图3-2(b))。

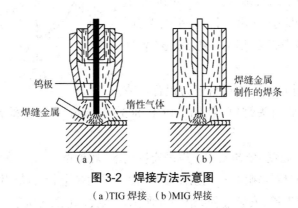

钨极

焊缝金属

惰性气体

焊缝金属制作的焊条

（a） （b）

图3-2 焊接方法示意图

（a）TIG焊接 （b）MIG焊接

在这两种焊接方法中,熔焊是通过焊条和被焊接的金属之间电弧的高温作用完成的。熔焊须用惰性气体(氩气或氦气)保护。

TIG 焊是一种手工操作的半自动焊接方法,这种方法往往采用交流电自动装置,使用永久钨极,电压不通过焊接金属。TIG 焊适用于厚度小于或等于 6 mm 构件的焊接连接。

MIG 焊是采用直流电的自动或半自动焊接方法,焊条由连续进料的焊缝金属做成。

由于 TIG 焊使用永久钨极,电流大小受钨极直径的限制,故仅适用于较薄构件的焊接连接;而 MIG 焊的电极为焊丝本身,可以使用比 TIG 焊大得多的电流,对于构件的厚度就没有限制,可用于厚度 50 mm 以内构件的焊接连接。

MIG、TIG 焊用于 6×××、7××× 系热处理合金或 5××× 系冷加工硬化合金的焊接连接。焊接用焊丝应符合《铝及铝合金焊丝》(GB/T 10858—2008)的规定,宜优先选用 SAlMG-3 焊丝(Eur 5356)及 SAlSi-1 焊丝(Eur 4043)。

除 TIG 及 MIG 焊外,还可采用电弧焊进行点焊,点焊适用于厚度为 0.2~5 mm 的板材焊接连接。目前,国内外还研发出了几种先进的焊接工艺:搅拌摩擦焊、激光焊、激光 - 电弧复合焊、电子束焊等。这些新型焊接工艺针对于焊接性不好和曾认为不可焊接的铝合金,做了针对性的设计和提出了有效的解决方法,这几种新工艺均具有一定优越性,并可对厚板铝合金进行焊接。

2. 铆钉连接

铆钉连接是利用轴向力将零件的铆钉孔内的钉杆镦粗并形成钉头,使多个零件相连接的方法。铆钉连接是一种不能反复拆装的连接方式,可以认为它是连接金属材料的一种最古老的方式。尽管这种连接方式在钢结构中已逐步被焊接连接和螺栓连接取代,但其在轻金属结构中仍在使用。

现有国家标准将铆钉分为 3 种类型:普通铆钉、抽芯铆钉和击芯铆钉。根据国内应用现状,抽芯铆钉和击芯铆钉主要应用在厚度很薄的铝合金面板连接中,用于铝合金承重结构连接的铆钉主要为普通铆钉。目前,国家标准中规定的普通铆钉有 12 个品种,其中半圆头铆钉(图 3-3)的应用最为广泛,其他种类的铆钉(如沉头铆钉、平头铆钉)用于结构连接时需考虑强度折减,且缺乏试验资料和统计数据。

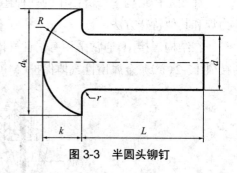

图 3-3　半圆头铆钉

铝结构连接所用的铆钉的材料应为铝合金或不锈钢,并应符合《半圆头铆钉(粗制)》(GB 863.1—1986)和《半圆头铆钉》(GB 867—1986)的规定。

近年来,HUCK(虎克)公司发明了拉铆连接技术(环槽铆钉),该技术利用胡克定律,采用专用铆接工具,轴向拉伸铆钉,径向挤压套环,使套环内径金属流动到铆钉的环槽中,形成永久的金属塑性变形连接,安装过程如图 3-4 所示。该技术已成功应用于航空航天、铁路车辆、铁路轨道、重型汽车、新能源装备和钢结构等领域,解决了紧固件在恶劣工况下的连接失效问题,在铝合金板式节点体系中也得到了大量应用。目前,国内已将该技术引进,该技术应用于建筑结构时的相关设计规程正在编制当中。

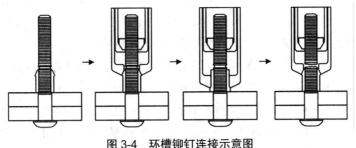

图 3-4　环槽铆钉连接示意图

3. 螺栓连接

螺栓是由带六角头的螺栓体和螺母组成,圆形垫圈放在螺母之下,如图 3-5 所示。

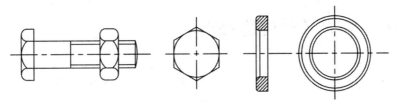

图 3-5　螺栓示意图

铝结构的螺栓连接应符合下列要求。

1)普通螺栓材料宜采用铝合金、不锈钢,也可采用经热浸镀锌、电镀锌或镀铝等可靠表面处理后的钢材。

2)铝结构的螺栓连接不宜采用有预拉力的高强度螺栓,确需采用时应满足《铝结构设计规范》(GB 50429—2007)中相关条款的规定。

3)普通螺栓应符合《紧固件机械性能 螺栓、螺钉和螺柱》(GB/T 3098.1—2010)、《紧固件机械性能 有色金属制造的螺栓、螺钉、螺柱和螺母》(GB/T 3098.10—1993)、《六角头螺栓 C 级》(GB/T 5780—2016)和《六角头螺栓》(GB/T 5782—2016)的规定。

值得注意的是,在铝结构连接中,由于未做表面保护的钢螺栓同铝合金构件之间会发生电化学腐蚀,故使用钢螺栓时,必须做好表面处理,且表面镀层应保证具有一定的厚度。

在铝结构连接中使用有预拉力的高强度螺栓时,应符合一定的适用条件。欧洲规范和英国规范均规定了采用高强度螺栓时铝合金构件材料的名义屈服强度 $f_{0.2}$ 的最低值:欧规为 200 N/mm^2,英规为 230 N/mm^2。如不符合这一条件,则高强度螺栓连接节点的强度应由试验来测定。而在美国规范中,只对普通螺栓进行了规定,对高强度螺栓未做相应规定。

根据文献研究,当高强度螺栓的抗拉强度 f_u^b 超过铝合金构件的抗拉强度 f_u 的 3 倍时,如不采取特别的构造措施(如采用较大直径的硬质垫圈),则螺栓内强大的预拉力会造成与螺栓头或螺母相接触的铝合金构件表面损伤,进而引起螺栓松弛和预拉力损失。在极端温度变化或连接时间较长时,由于铝合金构件与钢螺栓具有不同的热传导系数,将会引起摩擦面抗滑移系数发生变化,进而影响连接节点的强度。此外,不做任何处理的铝合金构件表面的抗滑移系数很低,有关文献显示该值为 0.10~0.15;而关于铝合金材料摩擦表面的处理方法,目前尚无相应的国家标准,也缺乏试验数据和统计资料。

因此,综合以上原因,我国相关标准和规范不推荐使用有预拉力的高强度螺栓连接铝合金。如在实际应用中确有条件,高强度螺栓建议符合《栓接结构用大六角头螺栓 螺纹长度按 GB/T 3106 C 级 8.8 和 10.9 级》(GB/T 18230.1—2000)、《栓接结构用大六角螺母 B 级 8 和 10 级》(GB/T 18230.3—2000)、《栓接结构用平垫圈 淬火并回火》(GB/T 18230.5—2000)的规定。当铝合金构件材料的名义屈服强度 $f_{0.2}$ 大于或等于 200 N/mm² 时,可采用本章中高强度螺栓的设计公式计算连接节点的强度;当不符合这一条件时,应通过试验测定连接节点的强度。此外,在极端温度变化或连接较长时,无论铝合金构件材料的名义屈服强度 $f_{0.2}$ 是否大于或等于 200 N/mm²,均应通过试验来测定连接节点的强度。

3.2　焊接连接形式及构造要求

1. 焊接连接形式

铝结构的焊接连接形式按被连接板件的相互位置可分为对接、搭接、T 形连接和角部连接等。按焊缝的受力特点可分为对接焊缝和角焊缝,如图 3-6 所示。

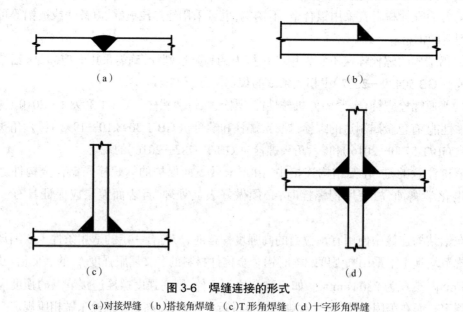

（a）　　　　　　　　　　　　　　　（b）

（c）　　　　　　　　　　　　　　　（d）

图 3-6　焊缝连接的形式

（a）对接焊缝　（b）搭接角焊缝　（c）T 形角焊缝　（d）十字形角焊缝

2. 焊接连接构造

铝结构焊接连接应满足以下构造要求。

1）焊缝连接设计时不得任意加大焊缝，避免焊缝立体交叉和在一处集中大量焊缝，同时焊缝的布置应尽可能对称于构件的形心轴。

2）在受力构件中应采用完全熔透对接焊缝。在焊接质量得到保证的情况下，完全熔透焊缝的计算厚度可采用连接构件的厚度，当两焊件的厚度不同时，应采用较小值。

3）在非受力构件中可采用部分熔透对接焊缝。

4）角焊缝的焊角高度应大于或等于两焊件中较薄焊件母材厚度的 70%，且不应小于 3 mm。角焊缝的最小计算长度应为 $8h_f$，且不小于 40 mm。其中，h_f 为焊脚尺寸。

5）角焊缝的搭接连接中，当焊缝的计算长度 l_w 超过 $60h_f$ 时，焊缝的承载力设计值应乘以折减系数 α_f，$1.5 - \dfrac{l_w}{120h_f} \leqslant \alpha_f < 0.5$。

6）连接构件的刚度差别很大时，焊缝计算长度 l_w 应考虑折减。

3.3　焊接连接强度计算

进行铝结构焊接连接设计时，应验算焊缝的强度、邻近焊缝的铝合金构件焊接热影响区的强度。焊缝的强度设计值宜大于铝合金构件焊接热影响区的强度设计值。

1. 热影响区

对于除 O（退火）和 F（自由加工）状态的铝合金焊接结构，由于热输入的影响，在邻近焊缝的区域存在材料强度降低的现象，该区域称为焊接热影响区。焊接热影响效应会给焊接结构的承载力带来非常不利的影响，如图 3-7 所示。

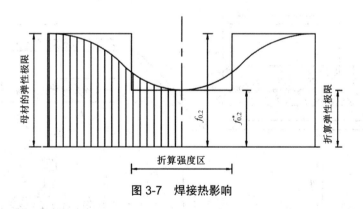

图 3-7　焊接热影响

热影响区范围应符合下列规定。

1）采用熔化极惰性气体保护电弧焊（MIG 焊）和钨极惰性气体保护电弧焊（TIG 焊）焊接连接的 6×××和 7×××系热处理合金以及 3×××系和 5×××系冷加工硬化合金，热影响区宽度 b_{haz} 应符合表 3-1 中的规定。

表 3-1　热影响区宽度 b_{haz}

退火温度	焊件厚度（mm）	b_{haz}（mm）
$T_1 \leq 60\ ℃$	$t \leq 8$	30
	$8 < t \leq 16$	40
	$t > 16$	应根据硬度试验结果确定
$60\ ℃ < T_1 \leq 120\ ℃$	$t \leq 8$	30α
	$8 < t \leq 16$	40α
	$t > 16$	应根据硬度试验结果确定

注：1）α 为增大参数，对于 6×××、3××× 系和 5××× 系，$\alpha = 1 + (T_1 - 60)/120$；对于 7××× 系，$\alpha = 1 + 1.5(T_1 - 60)/120$；

2）t 为焊件的平均厚度，当两焊件厚度相差超过一倍时，b_{haz} 值应根据硬度试验结果确定。

2）当板件端部距焊缝边缘长度小于 $3b_{haz}$ 时，热影响区应扩展至板件尽端，如图 3-8 所示。

我国研究者根据试验研究确定了上述热影响区宽度的取值。由于试验焊件的最大厚度为 16 mm，因此仅规定了厚度在 16 mm 以内焊件的热影响区范围。对于厚度超过 16 mm 的焊件，实际应用中如需采用，可根据硬度试验结果确定。当退火温度较高时，热影响区的范围会随之增大，增大系数 α 的取值来自欧规，也可以根据硬度试验结果确定。对于焊接铝结构，退火温度不建议超过 120 ℃。

对于上述对接焊缝焊接和几种角焊缝焊接沿厚度方向的热影响区范围，因缺乏相关研究资料，对较厚焊件热影响区沿厚度方向的分布，偏保守地一律取热影响区边界至焊件表面的垂直距离。

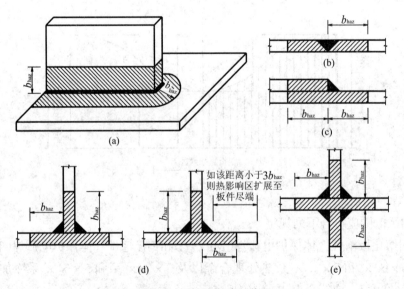

图 3-8　焊接热影响区范围

（a）热影响区范围示意　（b）对接焊缝　（c）搭接角焊缝　（d）T 形角焊缝　（e）十字形角焊缝

2. 焊接热影响区的强度计算

当铝结构采用焊接连接时,必须考虑热影响区材料强度降低带来的不利影响。焊接热影响区范围内材料强度的降低可采用强度折减系数来表征,该系数代表热影响区范围内材料强度同母材原始强度的比值。在附录 A 中列出了工程常用铝合金材料的焊接热影响区范围内的名义屈服强度焊接折减系数 ρ_{haz} 和极限抗拉强度焊接折减系数 $\rho_{u,haz}$ 的建议取值。对于附录 A 中未列出的其他材料的强度折减系数,可由试验或参考其他国家设计规范来确定。对于采用摩擦焊等新型焊接工艺的铝结构的热影响区范围内材料的强度折减系数,可根据试验予以确定。

$$f_{haz} = \rho_{haz} f_{0.2} \tag{3-1}$$

$$f_{u,haz} = \rho_{u,haz} f_u \tag{3-2}$$

同钢结构相比,焊接铝结构在热影响区内材料强度的降低在设计中是不容忽视的。铝合金焊缝连接的破坏,有很大可能发生在热影响区。因此,在焊缝连接计算中,必须验算热影响区的强度。

在焊接热影响区内发生强度破坏时,临界失效面 F 如图 3-9 所示。对接焊缝的临界失效面为焊缝焊趾处平行于焊缝轴线方向沿构件厚度的剖切面;角焊缝的临界失效面为焊缝焊趾处平行于焊缝方向沿构件厚度的剖切面及角焊缝的焊脚熔合面。

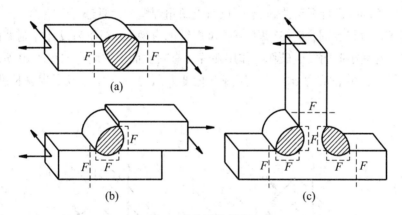

图 3-9　临界失效面 F

（a）对接焊缝　（b）搭接角焊缝　（c）T 形角焊缝

焊接热影响区的设计强度应符合下述规定。

1）轴心拉力（压力）垂直于焊接热影响区的临界失效面:

$$\sigma_{haz} \leqslant f_{u,haz} \tag{3-3}$$

式中: σ_{haz} ——作用在临界失效面上,垂直于焊缝长度方向的正应力;

$f_{u,haz}$ ——焊件焊接热影响区的极限抗拉强度设计值。

2）剪力平行于焊接热影响区的临界失效面:

$$\tau_{haz} \leqslant f_{v,haz} \tag{3-4}$$

式中：τ_{haz}——作用在临界失效面上，平行于焊缝长度方向的剪应力；

$\quad\quad f_{v,haz}$——焊件焊接热影响区的抗剪强度设计值。

3）轴心拉力（压力）和剪力共同作用在焊接热影响区的临界失效面：

$$\sqrt{\sigma_{haz}^2 + 3\tau_{haz}^2} \leq f_{u,haz} \tag{3-5}$$

根据同济大学完成的铝合金对接焊缝连接的强度试验结果，当焊缝连接的破坏发生在热影响区处，试件破坏前有较大的变形，属于延性破坏；当焊缝连接的破坏发生在焊缝区域，试件破坏前的变形较小，属于脆性破坏。因此，铝合金构件与焊缝金属之间合理的组合宜满足焊缝的强度设计值大于铝合金构件热影响区的强度设计值。这样可明显改善焊接节点在荷载作用下的变形性能。

在焊缝连接计算中，校核热影响区范围内的应力不得超过其强度设计值，通常采用强度折减方法，以此考虑效热应的影响。而在焊接构件承载力计算中，热影响区范围内材料强度降低带来的不利影响，通常采用将热影响区范围内材料强度取值为与母材强度相同，但对截面进行折减的方法来考虑。

3. 角焊缝强度计算

角焊缝两焊脚边夹角为直角的称为直角角焊缝，两焊脚边夹角为锐角或钝角的称为斜角角焊缝。鉴于铝合金焊接的斜角角焊缝试验数据和统计资料的缺乏，且相关标准和规范中均未对斜角角焊缝进行规定，因此本节仅对直角角焊缝的计算进行介绍。

在进行角焊缝设计时，将45°焊喉截面（焊缝的有效截面）作为设计控制截面，即角焊缝沿45°方向的最小截面发生破坏。作用在焊缝有效截面上的应力如图3-10所示，包括垂直于焊缝有效截面的正应力 $\sigma_\perp$、垂直于焊缝长度方向的剪应力 $\tau_\perp$ 及沿焊缝长度方向的剪应力 $\tau_{//}$。

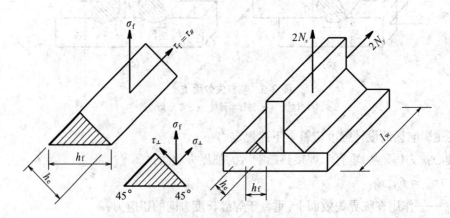

图 3-10　角焊缝受力示意图

在大量试验的基础上，国际标准化组织推荐的角焊缝抗拉强度公式为

$$\sqrt{\sigma_\perp^2 + k_w(\tau_\perp^2 + \tau_{//}^2)} = f_w \tag{3-6}$$

式中：k_w——与金属材料有关的值，一般在 1.8~3 变化；

$\quad\quad f_w$——焊缝金属的特征强度，欧规、英规以及我国的相关规范均采用 $k_w = 3$，这样略偏于安全并且可同母材金属的强度理论相一致。

在引入抗力分项系数后，并注意到 $f_f^w = f_t^w / \sqrt{3}$，因此可得直角角焊缝的强度计算公式为

$$\sqrt{\sigma_\perp^2 + 3\left(\tau_\perp^2 + \tau_{//}^2\right)} \leqslant \sqrt{3} f_f^w \tag{3-7}$$

式中：f_f^w——角焊缝强度设计值。

对于垂直于焊缝方向的力 N_x（图 3-11），在焊缝有效截面上引起垂直于焊缝方向的应力 σ_f 的计算公式为

$$\sigma_f = \frac{N_x}{h_e l_w} \tag{3-8}$$

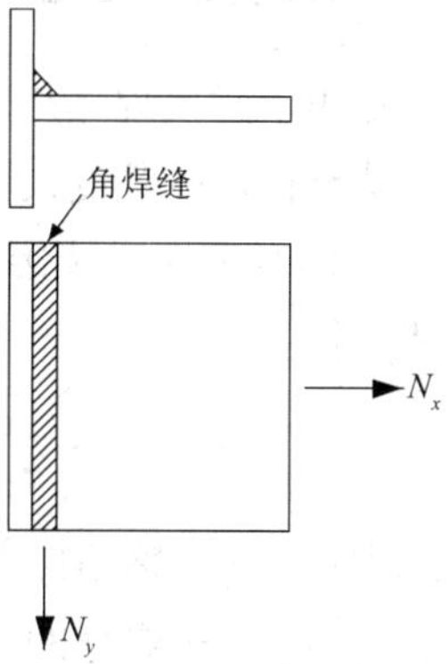

图 3-11　垂直与沿着角焊缝长度方向的力

式中：σ_f——按焊缝有效截面（$h_e l_w$）计算的，垂直于焊缝长度方向的应力；

$\quad\quad h_e$——角焊缝的计算厚度，直角角焊缝等于 $0.7h_f$，h_f 为焊脚尺寸；

$\quad\quad l_w$——角焊缝的计算长度，对每条焊缝取其实际长度减去 $2h_f$。

σ_f 既不是正应力也不是剪应力，但可分解为

$$\sigma_\perp = \tau_\perp = \sigma_f / \sqrt{2} \tag{3-9}$$

对于沿焊缝长度方向的力 N_y，在焊缝有效截面上引起平行于焊缝长度方向的剪应力 $\tau_{//}$ 的计算公式为

$$\tau_{//} = \tau_f = \frac{N_y}{h_e l_w} \tag{3-10}$$

式中：τ_f——按焊缝有效截面计算的，沿焊缝长度方向的剪应力。

将上述 $\sigma_\perp$、$\tau_\perp$、$\tau_{//}$ 代入式（3-7），可得

$$\sqrt{\left(\frac{\sigma_f}{\beta_f}\right)^2 + \tau_f^2} \leqslant f_f^w \tag{3-11}$$

式中：β_f——正面角焊缝的强度设计值增大系数，对于承受静力荷载的结构，$\beta_f = 1.22$。

上述公式即为在通过焊缝形心的拉力、压力和剪力的共同作用下的角焊缝的强度验算公式。

对于正面角焊缝，$N_y = 0$，只有垂直于焊缝长度方向的轴心力 N_x 作用，可得

$$\sigma_f = \frac{N_x}{h_e l_w} \leqslant \beta_f f_f^w \tag{3-12}$$

对于侧面角焊缝，$N_x = 0$，只有平行于焊缝长度方向的轴心力 N_y 作用，可得

$$\tau_f = \frac{N_y}{h_e l_w} \leqslant f_f^w \tag{3-13}$$

4. 对接焊缝强度计算

由于对接焊缝是焊件截面的组成部分，焊缝中的应力分布情况基本与焊件相同，故计算方法与构件的强度设计方法一样。

1）对于在对接接头和 T 形接头中垂直于轴心拉力或轴心压力的对接焊缝，其强度按下式计算：

$$\sigma = \frac{N}{l_w t} \leq f_t^w \text{ 或 } f_c^w \tag{3-14}$$

式中：N—— 轴心拉力或轴心压力；

l_w—— 焊缝的计算长度，采用引弧板时，计算长度为焊缝全长，未采用引弧板时，考虑到焊缝起、落弧处的缺陷对强度的影响，计算长度为焊缝全长减去 2 倍焊缝的计算厚度；

t—— 对接焊缝的计算厚度，在对接接头中为连接件的较小厚度，在 T 形接头中为腹板的厚度；

f_t^w，f_c^w—— 对接焊缝的抗拉、抗压强度设计值。

2）对于在对接接头和 T 形接头中平行于轴心拉力或轴心压力的对接焊缝，其强度按下式计算：

$$\tau = \frac{N}{l_w t} \leq f_v^w \tag{3-15}$$

式中：f_v^w—— 对接焊缝的抗剪强度设计值。

3）对于在对接接头和 T 形接头中承受弯矩和剪力共同作用的对接焊缝，其正应力和剪应力应分别验算；对同时受有较大正应力 σ 和剪应力 τ 的位置，还应验算折算应力，相关公式如下：

$$\sigma = \frac{M}{W_w} \leq f_t^w \text{ 或 } f_c^w \tag{3-16}$$

$$\tau = \frac{V S_w}{I_w t} \leq f_v^w \tag{3-17}$$

$$\sqrt{\sigma^2 + 3\tau^2} \leq f_t^w \tag{3-18}$$

式中：M—— 弯矩；

W_w—— 焊缝的截面模量；

S_w—— 焊缝的截面面积矩；

I_w—— 焊缝的截面惯性矩

V—— 焊缝所受剪力。

3.4　紧固件连接排列及构造要求

用于铝结构连接的螺栓、铆钉和环槽铆钉应符合以下排列及构造要求。

1）对于螺栓、铆钉和环槽铆钉的最大、最小容许距离，我国《铝结构技术标准（征求意见稿）》主要参考国内外有关规范的相关条款并结合《钢结构设计标准》（GB 50017—2017）的形式而制定，见表 3-2 和图 3-12。

表 3-2　螺栓或铆钉的最大、最小容许距离

名称	位置和方向			最大容许距离		最小容许距离
				暴露于大气或腐蚀环境下	非暴露于大气或腐蚀环境下	
中心间距	中间排	垂直内力方向		取 14t 或 200 mm 的较小值	取 14t 或 200 mm 的较小值	$2.5d_0$
		顺内力方向	构件受压力	取 14t 或 200 mm 的较小值	取 14t 或 200 mm 的较小值	
			构件受拉力 外排	取 14t 或 200 mm 的较小值	取 21t 或 300 mm 的较小值	
			构件受拉力 内排	取 28t 或 400 mm 的较小值	取 42t 或 600 mm 的较小值	
中心至构件边缘距离	顺内力方向			4t + 40 mm	取 12t 或 150 mm 的较大值	$2d_0$
	垂直内力方向					$1.5d_0$

注：d_0 为螺栓或铆钉孔的孔径；t 为外层较薄板件的厚度。

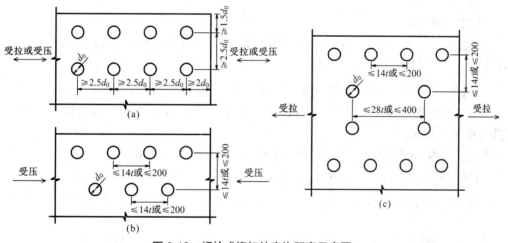

图 3-12　螺栓或铆钉的容许距离示意图

（a）最小容许距离　（b）最大容许距离（压力）　（c）最大容许距离（拉力）

2）用于有预应力的高强度螺栓或环槽铆钉连接的板件的厚度应不小于螺栓或铆钉直径的 1/4，其余情况不受此限。

在普通螺栓、高强度螺栓、铆钉或环槽铆钉连接中，当板厚过小时，在局部压力作用下板件会发生面外变形，从而导致承压承载力下降。用高强度螺栓连接时，板厚过小还会导致板件的局部应力过大；在摩擦面处理过程中，板件容易发生变形而使摩擦系数下降。

3）在连接构件上确定螺栓孔、铆钉孔和环槽铆钉孔的位置时，应避免出现腐蚀和局部屈曲，并应便于螺栓、铆钉及环槽铆钉的安装。

4）对于每一杆件，在节点位置以及拼接接头的一端，永久性的螺栓（或铆钉、环槽铆钉）数量不宜少于 2 个。

当仅用一个紧固件时，其连接处易产生转动并给安装带来较大困难，但对于小型非结构

构件允许采用一个紧固件。

5）对于沿杆轴方向受拉的螺栓连接中的端板（法兰板），应适当增强其刚度（如增加劲肋），以减少撬力对螺栓抗拉承载力的不利影响。

6）环槽铆钉的钉孔应采用钻成孔，钉杆与孔径应满足表 3-3 的要求。

表 3-3　铆钉钉杆与孔径要求

环槽铆钉名义直径 d（mm）	$d \leqslant 10$	$10 < d \leqslant 15$	$d > 15$
梁柱连接 / 环槽铆钉开孔直径 d_0（mm）	$d_0 \leqslant d+1.5$	$d_0 \leqslant d+2.5$	$d_0 \leqslant d+2.5$
板式节点 / 环槽铆钉开孔直径 d_0（mm）	$d_0 \leqslant d+0.5$	$d_0 \leqslant d+0.75$	$d_0 \leqslant d+1.0$

3.5　紧固件连接计算

1. 普通螺栓、铆钉及环槽铆钉连接计算

（1）抗剪连接计算

普通螺栓、铆钉及环槽铆钉的抗剪连接（图 3-13）在达到极限承载力时，可能发生 5 种破坏：

1）当栓杆（铆钉体）直径较小而板件较厚时，栓杆可能被剪断（图 3-14（a））；

2）当栓杆（铆钉体）直径较大而板件较薄时，板件可能被挤坏（图 3-14（b）），这种破坏叫作孔壁承压破坏；

3）板件截面可能因螺栓（铆钉）孔削弱太多而被拉断（图 3-14（c））；

4）端距太小，端距范围内板件可能被栓杆（铆钉体）冲剪破坏（图 3-14（d））；

5）栓杆（铆钉体）直径较小而长度较大时，可能发生栓杆（铆钉体）弯曲破坏。

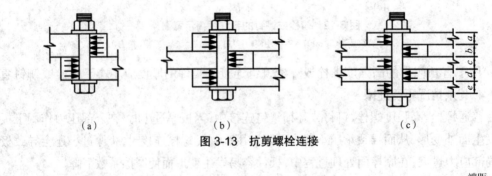

（a）　　　　　　　　（b）　　　　　　　　（c）

图 3-13　抗剪螺栓连接

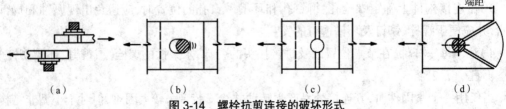

（a）　　　　　　　（b）　　　　　　　（c）　　　　　　　（d）

图 3-14　螺栓抗剪连接的破坏形式

在上述 5 种破坏形式中,第 3 种破坏形式涉及构件的强度计算,第 4 种破坏可通过限制螺栓(铆钉)端距大于或等于 $2d_0$ 避免,而第 5 种破坏可以通过限制螺栓(铆钉)的连接厚度和栓杆(铆钉体)的直径之比来避免。因此,普通螺栓、铆钉及环槽铆钉的抗剪连接的计算只需要考虑前两种破坏形式。其承载力设计值应取受剪和承压承载力设计值中的较小者。

受剪承载力设计值应按下列公式计算。

普通螺栓(受剪面在栓杆部位):

$$N_v^b = n_v \frac{\pi d^2}{4} f_v^b \qquad (3\text{-}19)$$

普通螺栓(受剪面在螺纹部位):

$$N_v^b = n_v \frac{\pi d_e^2}{4} f_v^b \qquad (3\text{-}20)$$

铆钉和环槽铆钉:

$$N_v^r = n_v \frac{\pi d_0^2}{4} f_v^r \qquad (3\text{-}21)$$

式中: n_v —— 受剪面数目;

　　d —— 栓杆直径;

　　d_e —— 螺栓在螺纹处的有效直径;

　　d_0 —— 铆钉和环槽铆钉杆的直径;

　　f_v^b —— 螺栓的抗剪强度设计值;

　　f_v^r —— 铆钉和环槽铆钉的抗剪强度设计值。

《钢结构设计标准》(GB 50017—2017)中规定的单个螺栓抗剪强度设计值是由试验数据统计得出的,未区分受剪面是在栓杆部位还是在螺纹部位。而《铝结构技术标准(征求意见稿)》中单个螺栓抗剪强度设计值是参照国外铝结构规范并比较强度设计值与材料力学性能值的相关关系式综合得出的,因此在计算公式中需区分不同受剪部位的剪切面积的影响。

承压承载力设计值应按下列公式计算。

普通螺栓:

$$N_c^b = d \sum t \cdot f_c^b \qquad (3\text{-}22)$$

铆钉和环槽铆钉:

$$N_c^r = d_0 \sum t \cdot f_c^r \qquad (3\text{-}23)$$

式中: $\sum t$ —— 在不同受力方向中一个受力方向承压构件总厚度的较小值;

　　f_c^b —— 采用螺栓连接时,连接件的孔壁承压强度设计值;

　　f_c^r —— 采用铆钉和环槽铆钉连接时,连接件的承压强度设计值。

根据《铝结构技术标准(征求意见稿)》的规定,铝合金铆钉不应用于沿杆轴方向受拉的连接中,本节仅对环槽铆钉及普通螺栓的抗拉承载力计算进行介绍。

环槽铆钉在杆轴方向受拉的连接中,每个环槽铆钉的承载力设计值应满足下式:

$$N_t^r = \frac{\pi d_0^2}{4} f_t^r \qquad (3\text{-}24)$$

并应满足：

$$N_t^r \leq N_t^p \tag{3-25}$$

式中：N_t^p——每个环槽铆钉的抗拉承载力设计值，可采用环槽铆钉预紧力值；

d_0——环槽铆钉的铆钉杆直径；

f_t^r——环槽铆钉的抗拉强度设计值，根据试验实测，工程中常用的环槽铆钉抗拉承载力为预紧力的 1.5~1.7 倍，M9.66 型铆钉的预紧力为 20~23 kN，M12.7 型的预紧力约为 30 kN。

螺栓受拉时，通常是通过与螺杆垂直的板件传递拉力（如图 3-13 所示的 T 形连接），如果连接件的刚度较小，受力后与螺栓垂直的连接件会发生变形，因而形成杠杆作用，螺栓存在被撬开的趋势，使螺杆中的拉应力增加并产生弯曲现象。考虑杠杆作用时，螺杆的轴心力为

$$N_t = N + Q \tag{3-26}$$

式中：Q——由于杠杆作用对螺栓产生的撬力。

撬力的大小与连接件的刚度有关，连接件的刚度越小，撬力越大；同时撬力也与螺栓直径和螺栓所在位置等因素有关。由于确定撬力比较复杂，《钢结构设计标准》（ GB 50017—2017 ）规定将普通螺栓抗拉强度降低 20% 来考虑撬力的不利影响。这样虽然简化了设计计算，但在某些情况下，撬力与节点承受的轴向拉力的比值很可能会较大，在设计中不考虑这种撬力作用是不安全的。因此，《铝结构技术标准(征求意见稿)》中做出了"当普通螺栓承受沿杆轴方向的拉力时，螺栓同时应能承受由于撬力引起的附加拉力"的规定。但考虑到目前缺乏充分的理论和试验研究，为保证结构的安全，在计算时螺栓抗拉强度设计值仍按降低 20% 取值。

抗拉螺栓连接在外力作用下，构件的接触面有脱开的趋势。此时，螺栓受到沿杆轴方向的拉力作用，栓杆可能被拉断。

除栓杆可能被拉断外，对于铝结构而言，当所采用的螺栓材料的抗拉强度超出铝合金连接构件的名义屈服强度较多时，如螺栓杆中的拉应力较大，螺栓头或螺母对连接构件的压紧应力有可能引起构件表面损伤并进而使构件发生冲切破坏。因此，考虑构件抗冲切的验算也是非常有必要的。

在普通螺栓杆轴方向受拉的连接中，对于每个普通螺栓的包括撬力致附加力的承载力设计值，应取螺栓抗拉承载力设计值和螺栓头及螺母下构件抗冲切承载力设计值中的较小者。

螺栓抗拉承载力设计值：

$$N_t^b = \frac{\pi d_e^2}{4} f_t^b \tag{3-27}$$

螺栓头及螺母下构件抗冲切承载力设计值：

$$N_{tp}^b = 0.6\pi d_m t_p f_{u,d} \tag{3-28}$$

式中：d_e——螺栓在螺纹处的有效直径；

d_m——为括号中两者中的较小值（螺栓头或螺母外接圆直径与内切圆直径的平均值，

当采用垫圈时为垫圈的外径）；

t_p——螺栓头或螺母下构件的厚度；

f_t^b——普通螺栓的抗拉强度设计值；

$f_{u,d}$——铝合金构件的极限抗拉强度设计值。

螺栓头及螺母下构件抗冲切承载力设计值计算公式来源于欧洲规范。

（2）剪力与拉力共同作用的连接计算

对于同时承受剪力和杆轴方向拉力的普通螺栓，其强度应符合下列公式。

对于螺杆承载：

$$\sqrt{\left(\frac{N_v}{N_v^b}\right)^2+\left(\frac{N_t}{N_t^b}\right)^2}\leqslant 1 \tag{3-29}$$

对于孔壁承压：

$$N_v\leqslant N_c^b \tag{3-30}$$

对于螺栓头及螺母下构件抗冲切：

$$N_t\leqslant N_{tp}^b \tag{3-31}$$

式中：N_v，N_t——单个普通螺栓所承受的剪力和拉力；

N_v^b，N_t^b，N_c^b——单个普通螺栓的抗剪、抗拉和承压承载力设计值。

对于同时承受剪力和杆轴方向拉力的环槽铆钉，其强度应符合：

$$\sqrt{\left(\frac{N_v}{N_v^r}\right)^2+\left(\frac{N_t}{N_t^r}\right)^2}\leqslant 1 \tag{3-32}$$

同时，应满足孔壁承压及螺栓杆抗拉的承载力要求：

$$N_v\leqslant N_c^r \tag{3-33}$$
$$N_t\leqslant N_t^r \tag{3-34}$$

式中：N_v，N_t——单个环槽铆钉所承受的剪力和拉力；

N_v^r，N_t^r，N_c^r——单个环槽铆钉的抗剪、抗拉和承压承载力设计值。

采用环槽铆钉时，环槽铆钉在钉头和钉帽下面的承压面积不应小于相应的普通螺栓和螺母。

2. 高强度螺栓连接计算

铝结构中高强螺栓连接的承载力计算公式形式基本与钢结构中的高强螺栓连接一致，仅针对铝结构稍做了改变。

（1）摩擦型连接

1）高强度螺栓摩擦型连接的抗剪承载力设计值按下式进行计算：

$$N_v^b=0.8n_f\mu P \tag{3-35}$$

式中：n_f——传力摩擦面数目；

μ——摩擦面的抗滑移系数，宜根据标准试件的试验结果确定；

P——单根高强度螺栓的预拉力,按表 3-4 采用。

表 3-4　单根高强度螺栓的预拉力 P　　　　　　　　　　（kN）

螺栓的性能等级	螺栓公称直径		
	M16	M20	M24
8.8 级	80	125	175
10.9 级	100	155	225

由于铝合金材料的种类繁多,已有的试验数据表明,不同材料在同一种摩擦面处理条件下其抗滑移系数和摩擦抗力是有差别的。因此,摩擦连接时不论其处理方法如何,均宜事先进行摩擦抗力试验,以确保设计的安全度。因缺乏充足的试验数据和统计资料,铝合金构件的表面处理方法也缺少相应的国家标准,国外规范中的摩擦面处理方法在实际应用中也很难具体实施,故对高强度螺栓摩擦型连接时的抗滑移系数,我国相关标准和规范未做出具体规定,如需采用应根据标准试件的试验结果确定。

2）在计算高强度螺栓摩擦型连接的抗拉承载力设计值时,与普通螺栓相同,也要求验算螺栓头及螺母下构件抗冲切承载力设计值。抗拉承载力设计值公式为

$$N_t^b = 0.8P \qquad\qquad (3\text{-}36)$$

并应满足:

$$N_t^b \leqslant N_{tp}^b \qquad\qquad (3\text{-}37)$$

式中: N_{tp}^b——螺栓头及螺母下构件抗冲切承载力设计值。

3）同时承受摩擦面间的剪力和螺栓杆轴方向的外拉力时,高强度螺栓摩擦型连接的承载力按下式进行计算:

$$\frac{N_v}{N_v^b} + \frac{N_t}{N_t^b} \leqslant 1 \qquad\qquad (3\text{-}38)$$

并应满足:

$$N_t \leqslant N_{tp}^b \qquad\qquad (3\text{-}39)$$

式中: N_v , N_t——某个高强度螺栓所承受的剪力和拉力。

（2）承压型连接

高强度螺栓承压型连接的预拉力 P 按表 3-4 选取;进行连接时,应清除连接处构件接触面上的油污。其抗剪承载力、抗拉承载力的计算与普通螺栓相同,按照式（3-19）、（3-20）、（3-27）、（3-28）计算。

同时承受剪力和杆轴方向拉力时,承压型连接的承载力应满足与普通螺栓相同的要求,即满足式（3-29）与式（3-30）,但对于孔壁承压的计算稍有不同。对于钢结构中的高强度螺栓承压型连接,《钢结构设计标准》（GB 50017—2017）规定,只要螺栓中有外拉力存在,就将承压强度除以 1.2 予以降低。因此,钢结构中的高强度螺栓承压型连接的孔壁承压设计值应满足:

$$N_v \leqslant N_c^b / 1.2 \qquad\qquad (3\text{-}40)$$

但是对于铝结构而言,由于在铝合金板件孔壁承压强度 f_c^b 取值时较为保守,并没有考虑板件受到螺栓预压力对孔壁承压强度的提高作用。因此,对于铝结构而言,式(3-40)应改为

$$N_v \leqslant N_c^b \tag{3-41}$$

3. 其他计算规定

1)在构件的节点处或拼接接头的一端,当螺栓、铆钉或环槽铆钉沿轴向受力方向的连接长度 l_1 过大时,螺栓或铆钉的受力很不均匀,端部的螺栓或铆钉受力最大,往往首先发生破坏,其他螺栓或铆钉将依次向内逐个发生破坏。因此,对长连接的抗剪承载力应进行适当折减。当 l_1 大于 $15d_0$ 时,应将螺栓或铆钉的承载力设计值乘以折减系数 $\left(1.1 - \dfrac{l_1}{150d_0}\right)$。当 l_1 大于 $60d_0$ 时,折减系数取 0.7。其中, d_0 为螺栓、铆钉或环槽铆钉的孔的孔径。

2)当受剪螺栓、铆钉或环槽铆钉穿过填板或其他中间板件与构件连接,且填板或其他中间板件的厚度 t_p 较厚时,应考虑折减连接的抗剪承载力。当 t_p 大于螺栓直径 d 或铆钉孔孔径 d_0 的 1/3 时,由式(3-19)、(3-20)及(3-21)计算所得的受剪承载力设计值应分别乘以折减系数 $\left(\dfrac{9d}{8d+3t_p}\right)$ 和 $\left(\dfrac{9d_0}{8d_0+3t_p}\right)$。设置此条规定的主要目的是考虑螺杆或铆钉杆弯曲的不利影响。

3)当用搭接或拼接板的单面连接传递轴心力时,单面连接会引起荷载的偏心,使紧固件除受剪力之外还受拉力的作用,因此不得采用铆钉连接;采用螺栓连接时,螺栓头及螺母下都应加垫圈以避免发生拉出破坏,且螺栓的数目应按计算值增加 10%。

4)在计算采用自攻螺钉、射钉等连接时,应符合有关规范的规定。

第4章 轴心受力构件的设计与原理

轴心受力构件包括轴心受拉构件(轴心拉杆)和轴心受压构件(轴心压杆)两种。结构中,轴心受力构件的应用十分广泛,如桁架、塔架和网架等结构体系中的杆件。

轴心受力构件的设计应同时满足承载力极限状态和正常使用极限状态的要求。设计轴心受拉构件时,需分别进行强度和刚度计算;设计轴心受压构件时,需分别进行强度、整体稳定和刚度计算;对于可能出现受压局部屈曲的薄壁构件,可利用板件的屈曲后强度,并在确定构件有效截面的基础上进行强度及整体稳定验算。轴心受力构件的刚度需通过限制其长细比来保证。

4.1 构件的有效截面

如轴心受压构件的板件宽厚比过大,在压力作用下,过薄的板件将离开平面位置而发生凸曲现象,这种现象称为构件的局部失稳。

在除冷弯薄壁型钢以外的普通钢结构设计中,为保证构件整体在发生破坏前不出现局部屈曲,对板件的宽厚比进行了限定,即不利用板件的屈曲后强度。但对于铝结构,其材料弹性模量小,局部稳定问题较钢结构更为突出,若不考虑板件的屈曲后强度,就需对板件的宽厚比进行更为严格的限定(约为钢板件宽厚比的二分之一),据此设计得到的截面很不经济。此外,考虑目前国内多数厂家提供的铝合金幕墙型材较薄,不能满足上述宽厚比限制要求。因此,我国的相关规范借鉴欧洲规范,容许利用受压板件的屈曲后强度,并按有效截面法考虑局部屈曲对构件整体承载力的影响,以便更好地发挥材料的性能。当对焊接铝合金构件进行设计时,应同时考虑焊接热影响效应和板件局部失稳的影响,对截面进行折减后,再进行强度及整体稳定性验算。

铝合金构件多为挤压型材,截面形状复杂,加劲肋(加劲)形式多样,采用有效宽度法计算有效截面时涉及有效宽度在截面中如何分布的问题,这将导致计算更加复杂,所以我国的相关规范采用有效厚度法计算铝合金构件的有效截面。采用有效厚度法便于进行统一计算,因为板件有效厚度的概念既可以用于考虑局部屈曲的影响,也可以用于考虑焊接热影响效应。但是应该指出:对于非轴心受压构件,即使采用同样的有效截面折算系数 $\rho = t_e/t = b_e/b$(其中 t_e 与 b_e 分别为板件的有效厚度与有效宽度,t 与 b 分别为板件的实际厚度与宽度),由于按各自简化模型确定的截面中和轴位置和有效截面模量等参数有所不同,求得的截面承载力也会略有差异,如图4-1所示。经比较,按有效厚度法计算出的构件承载力略高于按有效宽度法得到的结果,但两者均低于数值分析的结果。

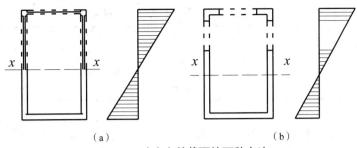

图 4-1　确定有效截面的两种方法

（a）有效厚度法　（b）有效宽度法

构件截面的板件类型如图 4-2 所示，根据约束条件的不同，可分为非加劲板件、边缘加劲板件、加劲板件和中间加劲板件。

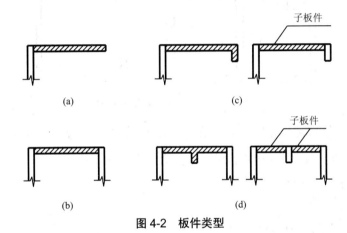

图 4-2　板件类型

（a）非加劲板件　（c）边缘加劲板件和子板件　（b）加劲板件　（d）中间加劲板件和子板件

1. 受压板件的有效厚度

当构件截面中受压板件宽厚比小于表 4-1 中规定的限值时，板件全截面有效。圆管截面的外径与壁厚之比（径厚比）不应超过表 4-2 给出的限值。

表 4-1　受压板件全部有效的最大宽厚比

合金热处理状态	加劲板件、中间加劲板件		非加劲板件、边缘加劲板件	
	非焊接	焊接	非焊接	焊接
T6 类	$21.5\,\varepsilon\sqrt{\eta k'}$	$17\,\varepsilon\sqrt{\eta k'}$	$7\,\varepsilon\sqrt{\eta k'}$	$5\,\varepsilon\sqrt{\eta k'}$
非 T6 类	$17\,\varepsilon\sqrt{\eta k'}$	$15\,\varepsilon\sqrt{\eta k'}$	$5.8\,\varepsilon\sqrt{\eta k'}$	$4\,\varepsilon\sqrt{\eta k'}$

注：① $\varepsilon=\sqrt{240/f_{0.2}}$；

　　② η 为加劲肋修正系数，按附录 B 采用，对于不带加劲肋的板件，$\eta=1$；

　　③ $k'=k/k_0$，其中 k 为不均匀受压情况下的板件局部稳定系数，应按附录 B 采用。

表 4-2　受压圆管截面的最大径厚比

合金热处理状态	非焊接	焊接
T6 类	50/(240/$f_{0.2}$)	35/(240/$f_{0.2}$)
非 T6 类	35/(240/$f_{0.2}$)	25/(240/$f_{0.2}$)

上述限值主要受材料硬化性能、名义屈服强度、板件应力梯度、加劲肋形式的影响。

计算板件宽厚比时,板件的宽度应采用板件净宽。板件净宽 b 为扣除了相邻板件厚度和倒角尺寸后的剩余宽度,如图 4-3 所示。

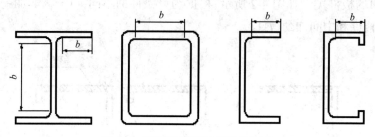

图 4-3　不同类型截面的板件净宽

当构件截面中受压板件宽厚比大于表 4-1 和表 4-2 规定的限值时,加劲板件、非加劲板件、中间加劲板件及边缘加劲板件的有效厚度 t_e 应按下式计算:

$$\frac{t_e}{t} = \alpha_1 \frac{1}{\bar{\lambda}} - \alpha_2 \frac{0.22}{\bar{\lambda}^2} \leqslant 1 \tag{4-1}$$

式中:t_e——考虑局部屈曲的板件有效厚度;

t——板件厚度;

α_1,α_2——计算系数,按表 4-3 取值;

$\bar{\lambda}$——板件的换算柔度系数,$\bar{\lambda} = \sqrt{f_{0.2}/\sigma_{cr}}$,其中 σ_{cr} 为受压板件的弹性临界屈曲应力。

对于非双轴对称截面中的非加劲板件或边缘加劲板件,如槽形截面或 C 形截面的翼缘以及角形截面的外伸肢,除按式(4-1)计算 t_e 外,还应满足:

$$\frac{t_e}{t} \leqslant \frac{1}{\bar{\lambda}^2} \tag{4-2}$$

表 4-3　计算系数 α_1,α_2 的取值

系数	合金热处理状态	加劲板件、中间加劲板件		非加劲板件、边缘加劲板件	
		非焊接	焊接	非焊接	焊接
γ_y	T6 类	1.0	0.9	0.96	0.9
	非 T6 类	0.9	0.8	0.9	0.77
γ_x	T6 类	1.0	0.9	1.0	0.9
	非 T6 类	0.9	0.7	0.9	0.68

对于计算系数 α_1、α_2，起初我国主要根据国外研究成果并参照欧洲规范确定。随着我国近年来铝合金工程项目的增多，很多工程采用了截面高度为 500 mm 甚至 550 mm 的大尺寸截面。因此，国内研究者进行了大量试验研究和数值分析，验证了原有公式的适用性，由此确定了计算系数 α_1、α_2 的取值。

2. 焊接板件的有效厚度

对于焊接铝合金构件，应考虑热影响区内因材料强度降低造成的截面强度削弱，并应采用有效截面概念计算截面强度的削弱程度。此时通常采用假定热影响区内母材强度不变而折减厚度的方法考虑热影响区内的材料强度的下降。热影响区内板件的有效厚度如图 4-4 所示。

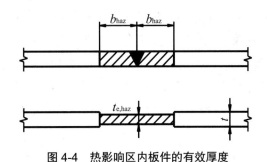

图 4-4　热影响区内板件的有效厚度

焊接热影响区范围内板件的有效厚度应按下面方法计算。

当计算由强度设计值 f 控制时：

$$t_{e,haz}=\rho_{haz}t \tag{4-3}$$

当计算由极限抗拉强度设计值 f_u 控制时：

$$t_{e,haz}=\rho_{u,haz}t \tag{4-4}$$

式中：ρ_{haz}、$\rho_{u,haz}$ 按附录 A 取值。

当铝合金构件存在短纵向焊缝、横向焊缝、斜焊缝、点焊、临时焊缝和焊缝群等局部焊接时，应进行由 f_u 控制并采用 $\rho_{u,haz}$ 计算有效厚度的方法进行局部焊接验算。但当连续的局部焊接热影响区范围在沿纵向（构件长度方向）的尺寸超过截面最小尺寸（如翼缘宽度）时，应进行改由 f 控制并用 ρ_{haz} 计算有效厚度的方法进行局部焊接验算。

3. 有效截面的计算

在确定构件有效截面时，应按下述三种情况考虑。

1）对于不满足表 4-1、表 4-2 中的宽厚比限值的非焊接受压板件，应计算考虑局部屈曲影响的板件有效厚度 t_e，并在板件受压区范围内以有效厚度 t_e 取代板件厚度 t，但各板件根部连接区域或倒角部位应按全部有效处理，如图 4-5 所示。

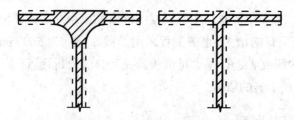

图 4-5　非焊接板件根部连接区域或倒角部位的有效截面

2）对于焊接受拉板件或满足表 4-1、表 4-2 中的宽厚比限值的焊接受压板件,仅需按式（4-11）和式（4-12）计算有效厚度 $t_{e,haz}$,并在热影响区内以有效厚度 $t_{e,haz}$ 取代板件厚度 t。

3）对于不满足表 4-1、表 4-2 中的宽厚比限值的焊接受压板件,应同时考虑局部屈曲和热影响效应的影响:在非热影响区的受压区范围内以有效厚度 t_e 取代板件厚度 t;在受拉区范围内以热影响区内的有效厚度 $t_{e,haz}$ 取代板件厚度 t;在受压区范围内以热影响区内的有效厚度 $t_{e,haz}$ 和有效厚度 t_e 中的较小值取代板件厚度 t,如图 4-6 所示。

计算轴压构件的有效截面时,构件全截面受压（如图 4-7 所示）,仅需按照上述三种情况对各板件的有效厚度进行计算。计算受弯构件及压弯构件时,则应对构件的受压区域按照上述三种情况对各板件的有效厚度进行计算,对受拉区仅考虑焊接热影响效应进行有效厚度计算。

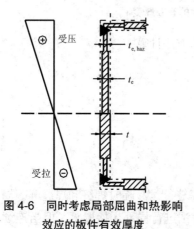

图 4-6　同时考虑局部屈曲和热影响
效应的板件有效厚度

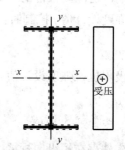

图 4-7　轴压构件有效截面的计算
（x-x 为根据有效截面确定的中和轴）

4.2　轴心受力构件的强度和刚度

1. 轴心受力构件强度计算

对于承受简单拉力的构件,当出现以下情形时,可以认为构件达到承载能力极限状态:

1）当截面面积为 A 的构件横截面上的应力达到设计强度时;

2）当螺孔处的有效净截面面积或在焊接连接的折算强度区域发生破坏时。

（1）轴心受力构件的强度计算

针对前述情况，为保证构件在轴心受拉力作用下不发生强度破坏，应满足下列条件。

1）毛截面：

$$\frac{N}{A_e f} \leq 1.0 \tag{4-5}$$

2）净截面：

$$\frac{N}{0.9 A_{en} f_{u,d}} \leq 1.0 \tag{4-6}$$

3）局部焊接截面：

$$\frac{N}{A_{u,e} f_{u,d}} \leq 1.0 \tag{4-7}$$

式中：N——轴心拉力设计值（N）；

A_e——有效毛截面面积（mm^2），对于受拉构件仅考虑通长焊接影响，对于受压构件应同时考虑局部屈曲和通长焊接的影响，在考虑焊接影响时应使用 ρ_{haz} 计算有效厚度，若无局部屈曲和焊接时，$A_e = A$；

f——铝合金材料的名义屈服强度设计值（N/mm^2）；

0.9——系数，体现了受拉时孔洞处应力分布不均匀的不利影响；

A_{en}——有效净截面面积（mm^2），应同时考虑孔洞及其所在截面处焊接的影响，在考虑焊接影响时应使用 $\rho_{u,haz}$ 计算有效厚度；

$f_{u,d}$——铝合金材料的极限抗拉强度设计值（N/mm^2）；

$A_{u,e}$——有效焊接截面面积（mm^2），对于受拉构件仅考虑局部焊接及其所在截面处可能存在的通长焊接的影响，对于受压构件应同时考虑局部焊接及其所在截面处可能存在的局部屈曲和通长焊接的影响，在考虑焊接影响时应使用 $\rho_{u,haz}$ 计算有效厚度；

在考虑局部焊接截面时，当连续的局部焊接热影响区范围在纵向（构件长度方向）上超过截面最小尺寸（如翼缘宽度）时，应进行整体屈服验算，其中改由 f 控制并用 ρ_{haz} 计算有效厚度，即式（4-7）变为 $N / A_{u,e} f \leq 1.0$，且在考虑焊接影响时使用 ρ_{haz} 计算有效厚度。

对于采用高强度螺栓进行摩擦型连接的构件，其截面强度除按式（4-5）及式（4-7）计算外，还应满足：

$$\left(1 - 0.5\frac{n_1}{n}\right)\frac{N}{0.9 A_{en} f_{u,d}} \leq 1.0 \tag{4-8}$$

式中：n——在节点或拼接处，构件一端连接的高强度螺栓数目；

n_1——所计算截面上，最外列螺栓的高强度螺栓数目。

当构件为沿全长都有排列较密螺栓的组合构件时，其强度验算应由净截面屈服控制，以免构件出现过大变形，此时除按式（4-6）及式（4-7）计算外，还应满足：

$$\frac{N}{A_{en} f} \leq 1.0 \tag{4-9}$$

（2）轴心受拉构件

对轴心受拉构件进行强度验算时，若存在孔洞或焊缝，均应考虑其对强度的影响，不同类别构件的轴拉强度验算内容见表4-4。

表4-4　不同类别构件的轴拉强度验算内容

类别	基本	孔	通长焊接	孔+通长焊接
轴拉强度	Af	取$0.9A_nf_{u,d}$与Af的较小值	A_ef	取$0.9A_{en}f_{u,d}$与A_ef的较小值
类别	局部焊接	局部焊接+通长焊接	孔+局部焊接	孔+局部焊接+通长焊接
轴拉强度	取$A_{u,e}f_{u,d}$与Af的较小值	取$A_{u,e}f_{u,d}$与A_ef的较小值	取$0.9A_{en}f_{u,d}$、$A_{u,e}f_{u,d}$与Af的较小值	取$0.9A_{en}f_{u,d}$、$A_{u,e}f_{u,d}$与A_ef的较小值

注：表中的"+"指几种情况同时出现在构件上，而非一定出现在同一截面上。

在同一截面处同时考虑孔及其所在截面处焊接的影响时，应在有效截面面积的基础上扣除孔洞截面面积。

（3）轴心受压构件

对轴心受压构件进行强度验算时，同样需要对毛截面进行强度验算，对含有孔洞的净截面以及焊接折算截面进行验算。其强度应满足式（4-5）及式（4-7）的要求，但对含有孔洞的受压构件进行净截面强度验算时，应对式（4-6）进行调整，再进行验算，即不考虑孔洞处应力不均匀分布的不利影响。调整后的验算条件为

$$\frac{N}{A_{en}f_{u,d}} \leqslant 1.0 \qquad\qquad （4-10）$$

不同类别构件的轴压强度验算内容见表4-5。

表4-5　不同类别构件的轴压强度验算内容

类别	基本	孔	通长焊接	孔+通长焊接
轴压强度	Af	取$A_nf_{u,d}$与Af的较小值	A_ef	取$A_{en}f_{u,d}$与A_ef的较小值
类别	局部焊接	局部焊接+通长焊接	孔+局部焊接	孔+局部焊接+通长焊接
轴压强度	取$A_{u,e}f_{u,d}$与Af的较小值	取$A_{u,e}f_{u,d}$与A_ef的较小值	取$A_{en}f_{u,d}$、$A_{u,e}f_{u,d}$与Af的较小值	取$A_{en}f_{u,d}$、$A_{u,e}f_{u,d}$与A_ef的较小值
类别	局部屈曲	局部屈曲+通长焊接	孔+局部屈曲	孔+局部屈曲+通长焊接
轴压强度	A_ef	A_ef	取$A_nf_{u,d}$与A_ef的较小值	取$A_nf_{u,d}$与A_ef的较小值
类别	局部焊接+局部屈曲	局部焊接+局部屈曲+通长焊接	孔+局部焊接+局部屈曲	孔+局部焊接+局部屈曲+通长焊接
轴压强度	取$A_{u,e}f_{u,d}$与A_ef的较小值	取$A_{u,e}f_{u,d}$与A_ef的较小值	取$A_{en}f_{u,d}$、$A_{u,e}f_{u,d}$与A_ef的较小值	取$A_{en}f_{u,d}$、$A_{u,e}f_{u,d}$与A_ef的较小值

注：表中的"+"指几种情况同时出现在构件上，而非一定出现在同一截面上。

（4）连接处的截面效率

对于轴心受拉构件和轴心受压构件,当其组成板件并在节点或拼接处并非全部直接传力时,为考虑杆端非全部直接传力造成的剪切滞后和截面上正应力分布不均匀的影响,应将危险截面的面积乘以有效截面系数 η。不同构件的截面形式和连接方式的 η 值应符合表 4-6 的规定。

表 4-6　轴心受力构件节点或拼接处危险截面的有效截面系数

构件截面形式	连接形式	η	图例
三角形	单边连接	0.85	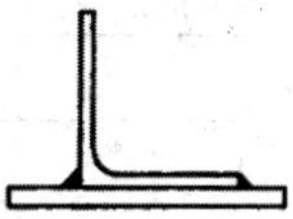
工字形、H 形	仅翼缘连接	0.90	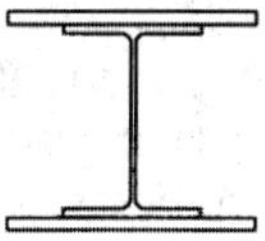
	仅腹板连接	0.70	

2. 轴心受力构件刚度

为满足结构的正常使用要求,轴心受力构件应具有一定的刚度,以保证构件不会在运输和安装过程中产生过大的变形,不会在使用期间因自重产生明显下挠,也不会在动力荷载作用下发生较大的振动。对于轴心受压构件,刚度过小会显著降低其极限承载力。

轴心受力构件的刚度是以限制其长细比来保证的,即:

$$\lambda = \frac{l_0}{i} \leq [\lambda] \tag{4-11}$$

式中：λ——构件的长细比；

l_0——构件的计算长度；

i——截面对应于屈曲轴的回转半径,$i = \sqrt{I/A}$；

$[\lambda]$——构件的容许长细比。

《铝结构技术标准》根据构件的重要性和荷载情况,分别规定了轴心受拉和轴心受压构件的容许长细比,分别列于表 4-7 和表 4-8 中。

表 4-7　轴心受拉构件的容许长细比

序号	构件名称	容许长细比
1	网壳构件、网架、桁架支座附近构件	300
2	门式刚架、框架、网架、桁架、塔架中杆件	350

续表

序号	构件名称	容许长细比
3	其他拉杆、支承、系杆等	400

注：①在承受静力荷载的结构中，可仅计算受拉构件在竖向平面内的长细比；
　　②受拉构件在永久荷载与风荷载组合下受压时，其长细比不宜超过250；
　　③跨度等于或大于60 m、承受静力荷载的桁架，其受拉弦杆和腹杆的长细比不宜超过300。

表4-8　轴心受压构件的容许长细比

序号	构件名称	容许长细比
1	网架和网壳构件、框架柱、塔架、桁架弦杆、柱子缀条	150
2	门式刚架柱	180
3	框架、塔架、桁架支承等	200
4	门式刚架支承	220

注：①桁架（包括空间桁架）的受压腹杆，当其内力等于或小于承载能力的50%时，容许长细比可取200。
　　②计算单个角铝受压构件的长细比时，应采用角铝的最小回转半径，但计算在交叉点相互连接的交叉杆件平面外的长细比时，可采用与角铝肢边平行轴的回转半径；
　　③对于跨度等于或大于60 m的桁架，其受压弦杆和端压杆的容许长细比宜取100，其他承受静力荷载的受压腹杆可取150；
　　④对于由容许长细比控制其截面的杆件，在计算长细比时，可不考虑扭转效应。

4.3　轴心受压构件的整体稳定性

1. 理想轴心受压构件的屈曲临界力

理想轴心受压构件就是假设构件完全挺直，荷载沿构件形心轴作用，在受荷之前构件无初始应力，也无初弯曲和初偏心等缺陷，截面沿构件是均匀的。当压力达到某临界值时，理想轴心受压构件可能以三种屈曲形式丧失稳定，包括：弯曲屈曲、扭转屈曲、弯扭屈曲（图4-8）。

（1）弯曲屈曲

构件的截面只绕一个主轴旋转，构件的纵轴由直线变为曲线，这是双轴对称截面构件最常见的屈曲形式。

根据两端铰接的等截面理想轴心受压构件，建立变形方程并代入边界条件，只考虑弯曲变形，可得到屈曲临界应力 N_E 和欧拉临界应力 σ_E：

$$N_E = \frac{\pi^2 EI}{l^2} = \frac{\pi^2 EA}{\lambda^2} \tag{4-12}$$

$$\sigma_E = \frac{\pi^2 E}{\lambda^2} \tag{4-13}$$

式中：l——杆长；

　　　E——材料的弹性模量；

　　　A、I——杆件的截面面积和惯性矩；

　　　λ——杆件的长细比。

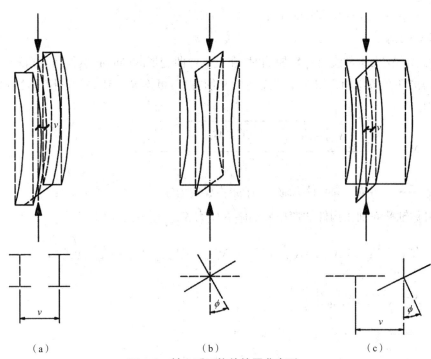

图 4-8　轴心受压构件的屈曲变形
（a）弯曲屈曲　（b）扭转屈曲　（c）弯扭屈曲

对于任意端部支承条件的杆件,可引入计算长度的概念将两端非铰接的杆件转换为等效的两端铰接杆件,其屈曲临界应力为

$$N_{\mathrm{E}} = \frac{\pi^2 EI}{(\mu l)^2} = \frac{\pi^2 EI}{l_0^2} \tag{4-14}$$

式中: l_0 ——计算长度, $l_0 = \mu l$;

μ ——计算长度系数。

（2）扭转屈曲

发生失稳时,构件在轴心压力作用下,除可能绕主轴弯曲外,除支承端外的各截面还可能绕纵轴扭转。

根据弹性屈曲理论可推导得到扭转屈曲临界应力为

$$N_{\omega} = \frac{1}{i_0^2}\left(\frac{\pi^2 EI_{\omega}}{l_{\omega}^2} + GI_{\mathrm{t}}\right) \tag{4-15}$$

式中: l_{ω} ——计算长度, $l_{\omega} = \mu l_0$;

G ——材料的剪切模量;

I_{ω} ——截面的扇性惯性矩（翘曲常数）;

I_{t} ——截面的抗扭惯性矩（扭转常数）。

i_0 ——截面对剪心的极回转半径（mm）,应按下式计算:

$$i_0 = \sqrt{i_x^2 + i_y^2 + x_0^2 + y_0^2} \tag{4-16}$$

式中: i_x , i_y ——构件毛截面对其主轴 x 轴和 y 轴的回转半径（mm）;

x_0, y_0——截面剪心坐标(mm)。

（3）弯扭屈曲

单轴对称截面构件绕对称轴屈曲时,在发生弯曲变形的同时必然伴随着扭转。

根据构件在微弯和微扭两个状态下的平衡方程,可推导得到关于弯扭屈曲临界应力的计算方程:

$$N_{Ey\omega} = \frac{\left(N_{Ey} + N_\omega\right) - \sqrt{\left(N_{Ey} + N_\omega\right)^2 - 4N_{Ey}N_\omega\left[1 - (y_0/i_0)^2\right]}}{2\left[1 - (y_0/i_0)^2\right]}N_{Ey} \tag{4-17}$$

式中: N_{Ey}——构件对 y 轴(对称轴)的屈曲临界应力。

无对称轴截面轴压构件的弯扭屈曲临界应力 $N_{Exy\omega}$ 按下式计算:

$$(N_{Ex} - N_{Exy\omega})(N_{Ey} - N_{Exy\omega})(N_{E\omega} - N_{Exy\omega}) - N_{Exy\omega}^2(N_{Ex} - N_{Exy\omega})\left(\frac{y_0}{i_0}\right)^2 -$$

$$N_{Exy\omega}^2(N_{Ey} - N_{Exy\omega})\left(\frac{x_0}{i_0}\right)^2 = 0 \tag{4-18}$$

式中: N_{Ex}——构件对 x 轴的屈曲临界应力。

2. 初始缺陷对轴心受压构件承载力的影响

上述屈曲临界应力计算方法仅针对理想轴心受压构件,实际工程中的构件不可避免地存在几何缺陷与力学缺陷,这将降低轴心受压构件的稳定承载力。

（1）几何缺陷

构件的几何缺陷包括初始弯曲及初偏心,如图 4-9 和图 4-10 所示。

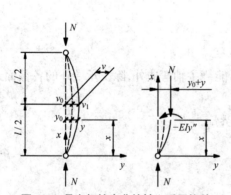

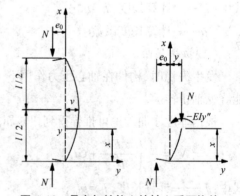

图 4-9　具有初始弯曲的轴心受压构件　　　　图 4-10　具有初始偏心的轴心受压构件

（a）初始弯曲

初始弯曲指构件在未受力前即呈微弯曲状态。具有初始弯曲的压杆在压力一开始作用时杆件即产生挠曲,并且挠度随着荷载的增大而增加,加载初期挠度增大较为缓慢,随后迅速增大,当压力接近欧拉临界应力时,杆件中点的挠度趋于无穷大。即使具有很小的初始弯曲,杆件的轴心受压承载力也总是低于其欧拉临界应力,并且初始弯曲值越大,杆件的承载力越低,相同压力作用下挠度越大。

假定杆件的初始弯曲及变形均沿杆件全长呈正弦曲线分布,定义 $N_E = \pi^2 EI / l^2$,对于具有初始弯曲的弹性杆件,其中点的挠度 v 与轴力 N 之间存在如下关系:

$$v = \frac{1}{1 - N / N_E} v_0 \qquad (4-19)$$

式中: v_0——初始挠度。

由于杆件并非无限弹性体,当轴力增大至一定程度时,杆件的跨中截面的边缘纤维会开始屈服,随后塑性区不断增加,直至杆件丧失承载能力。

采用边缘屈服准则时,对于具有初始弯曲的轴心受压杆件,当跨中截面的边缘纤维刚刚屈服时,构件的平均应力可采用下式计算:

$$\sigma_y = \frac{f_y + (1 + \varepsilon_0) \sigma_E}{2} - \sqrt{\left[\frac{f_y + (1 + \varepsilon_0) \sigma_E}{2} \right]^2 - f_y \sigma_E} \qquad (4-20)$$

式中: ε_0——初始弯曲率, $\varepsilon_0 = v_0 A / W$;

　　　W——截面模量;

　　　σ_y——跨中截面的边缘纤维刚刚屈服时,构件截面上的平均应力, $\sigma_y = N/A$。

式(4-20)称为佩里(Perry)公式。

铝合金型材在挤压加工过程中采用了较为严格的牵引作业,初始弯曲一般较小,《铝合金建筑型材　第 1 部分:基材》(GB/T 5237.1—2017)中规定,对于高精级建筑型材,当其截面外接圆直径大于 38 mm 时,初始弯曲应小于构件长度的 0.8/1 000。《钢结构设计标准》(GB 50017—2017)中规定,进行直接分析设计时,应按不小于 1/1 000 的出厂加工精度考虑构件的初始弯曲。目前,在铝合金相关标准中尚无相关规定,但国内外学者进行研究时,通常取杆件长度的 1/1 000 这一值。

(b)初始偏心

初始偏心是由型材截面的尺寸偏差或安装误差造成的。

具有初始偏心 e_0 的杆件中点挠度为

$$v = e_0 \left[\sec \left(\frac{\pi}{2} \sqrt{\frac{N}{N_E}} \right) - 1 \right] \qquad (4-21)$$

具有初始偏心的轴心受压构件,其在受力后的挠度变化特点与初始弯曲杆件的相同。《铝合金建筑型材　第 1 部分:基材》(GB/T 5237.1—2017)对高精级建筑型材的截面尺寸容许公差进行了规定,即当构件截面尺寸大于 100 mm 时,其截面尺寸的容许公差约为 0.75%;构件截面壁板的厚度为 6~25 mm 时,其厚度容许公差约为 1.5%。然而,构件的安装误差通常没有明显的规律,要准确考虑这一因素较为困难。

《铝结构技术标准》中基于大量试验拟合得到轴心受压杆件稳定系数,综合考虑各方面因素的影响,引入了系数 η 以反映构件的几何缺陷。

(2)力学缺陷

力学缺陷主要包括残余应力、力学性能分布不均匀和包辛格效应。

欧洲钢结构协会（ECCS）的研究表明,铝合金挤压型材中的残余应力一般小于20 MPa,在计算杆件轴向受压时的力学性能时可忽略其影响。对于需焊接的构件,其残余应力对杆件承载能力的影响较钢杆件低,但仍不能忽略,应通过试验手段测定焊接导致的承载能力降低幅值并在稳定性验算中加以考虑。

在铝合金挤压型材中,杆件截面中各点的力学性能相对均匀,最大仅相差百分之几,可忽略力学性能分布不均匀的影响。而对于焊接构件,焊接会造成热影响区内材料力学性能的下降,由此产生的对杆件稳定性能的影响应充分考虑。

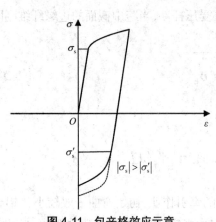

图 4-11 包辛格效应示意

在对金属的塑性加工过程中,正向加载引起的塑性应变强化导致金属材料在随后的反向加载过程中呈现塑性应变软化（屈服极限降低）的现象,称之为包辛格效应。铝合金挤压型材在加工时会采用牵引机进行矫直,使其初始弯曲小于限值,这一过程将导致杆件产生较大的塑性变形（1%~3%）。牵引过程能够有效减小杆件的初始弯曲,降低杆件的残余应力,对于提高杆件稳定承载力起到有利作用;但该过程所产生塑性变形的包辛格效应将会降低杆件的稳定承载力。综合考虑这两方面因素,ECCS 建议不考虑包辛格效应,各国规范也采用了这种处理方法。仅美国规范针对抗压与抗拉采用了不同的弹性极限,但对于 6××× 系铝合金,其抗拉与抗压弹性极限完全相等。

3. 实际轴心受压构件的极限承载力

对于实际轴心受压杆件,其承载力计算准则包括边缘屈服准则及最大强度准则。边缘屈服准则以杆件挠度最大处的截面边缘发生屈服为判定条件。但对于极限状态设计,当构件截面边缘发生屈服后,压力还可进一步增加,构件截面塑性区不断扩大,直至杆件的抵抗力开始小于外力作用,此时杆件所达到的最大承载力,即为杆件的真正极限承载力。以边缘屈服准则确定压杆稳定承载力,称为最大强度准则。采用最大强度准则计算时,考虑缺陷对于杆件的影响很难得到明确的解析式。

《铝结构技术标准》基于最大强度准则并通过大量试验结果反算稳定系数,采用佩里 - 罗伯特森（Perry-Robertson）公式进行拟合,得到轴心受压构件的稳定系数 φ 计算公式,以综合考虑各因素的影响,从而对实际杆件的极限承载力进行计算。图 4-12 为使用我国标准公式、欧洲标准公式计算得到的整体稳定系数与试验值的对比情况,结果显示曲线吻合较好。

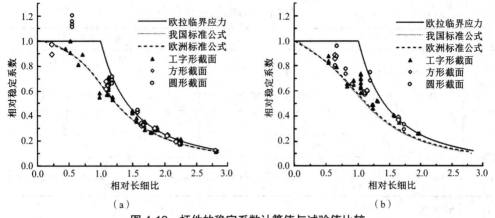

图 4-12　杆件的稳定系数计算值与试验值比较

（a）T6 类铝合金　（b）非 T6 类铝合金

4. 轴心受压构件的整体稳定性计算

在进行铝合金杆件轴心受压整体稳定性计算时,采用轴心受压构件整体稳定系数 φ 综合考虑各方面因素的影响。轴心受压构件所受的应力不应大于整体稳定的临界应力,考虑抗力分项系数 γ_R ,则有:

$$\sigma=\frac{N}{A}\leqslant\frac{\sigma_{cr}}{\gamma_R}=\frac{\sigma_{cr}}{f_y}\frac{f_y}{\gamma_R}=\varphi f \tag{4-22}$$

进一步引入整体稳定系数考虑焊接的影响及截面非对称性的影响。实腹式轴心受压构件的稳定性计算公式为

$$\frac{N}{\eta_{as}\eta_{haz}\varphi A_e f}\leqslant1.0 \tag{4-23}$$

式中: φ ——轴心受压构件的稳定系数(取截面各主轴稳定系数中的较小者);

A_e ——有效毛截面面积(mm^2),同时考虑局部屈曲和通长焊接的影响,在考虑焊接影响时应使用 ρ_{haz} 计算有效厚度,若无局部屈曲和焊接时, $A_e=A$;

η_{haz} ——通长焊接影响系数;

η_{as} ——截面非对称性系数。

η_{haz} 和 η_{as} 均按表 4-9 确定,其中:无焊接时, $\eta_{haz}=1$;发生扭转失稳或弯扭失稳时, $\eta_{haz}=1$;构件为双轴对称截面时, $\eta_{as}=1$;发生扭转失稳或弯扭失稳时, $\eta_{as}=1$;等边角形截面构件发生绕非对称轴弯曲失稳时, $\eta_{as}=1$ 。

这两个系数考虑了不对称程度对单轴对称截面受压构件弯曲稳定承载力的影响,是通过大规模参数分析回归获得的,并与试验结果吻合良好。

表 4-9　系数 η_{haz}、η_{as}

系数	T6 类铝合金	非 T6 类铝合金
η_{haz}	$\eta_{haz}=1-\left(1-\dfrac{A_1}{A}\right)10^{-\overline{\lambda}}-\left(0.05+0.1\dfrac{A_1}{A}\right)\overline{\lambda}^{1.3(1-\overline{\lambda})}$ 其中：$A_1=A-A_{haz}(1-\rho_{haz})$；$A_{haz}$ 为焊接热影响区面积	当 $\overline{\lambda}\leqslant0.2$ 时，$\eta_{haz}=1$；当 $\overline{\lambda}>0.2$ 时，$\eta_{haz}=1+0.04(4\overline{\lambda})^{(0.5-\overline{\lambda})}-0.22\overline{\lambda}^{1.4(1-\overline{\lambda})}$
η_{as}	$\eta_{as}=1-2.4\psi^2\dfrac{\overline{\lambda}^2}{(1+\overline{\lambda}^2)(1+\overline{\lambda})^2}$	$\eta_{as}=1-3.4\psi^2\dfrac{\overline{\lambda}^2}{(1+\overline{\lambda}^2)(1+\overline{\lambda})^2}$
	$\psi=\dfrac{y_{max}-y_{min}}{h}$。其中：$y_{max}$ 及 y_{min} 为截面最外边缘到截面形心的距离，$y_{max}\geqslant y_{min}$；h 为截面高度，$h=y_{max}+y_{min}$	

注：$\overline{\lambda}$ 为相对长细比。

确定轴心受压构件的稳定系数 φ 时，需要考虑较多因素的影响。通过用大量试验结果进行拟合，得到的计算公式为

$$\varphi=\frac{1+\eta+\overline{\lambda}^2}{2\overline{\lambda}^2}-\sqrt{\left(\frac{1+\eta+\overline{\lambda}^2}{2\overline{\lambda}^2}\right)^2-\frac{1}{\overline{\lambda}^2}}\qquad(4\text{-}24)$$

式中：η——构件的几何缺陷系数；

$\overline{\lambda}$——相对长细比。

构件的几何缺陷系数的表达式为

$$\eta=\alpha\left(\overline{\lambda}-\overline{\lambda}_0\right)$$

对于 T6 类铝合金，$\alpha=0.22$，$\overline{\lambda}_0=0.15$；对于非 T6 类铝合金，$\alpha=0.35$，$\overline{\lambda}_0=0.05$。

构件的长细比计算公式为

$$\overline{\lambda}=\sqrt{\frac{A_e f_{0.2}}{N_{cr}}}\qquad(4\text{-}25)$$

A_e——构件的毛截面面积；

N_{cr}——基于毛截面的欧拉临界力。

对于存在局部焊接的构件，除应按式（4-23）计算外，还应满足下式：

$$\frac{N}{\varphi_{haz}A_{u,e}f_{u,d}}\leqslant1.0\qquad(4\text{-}26)$$

式中：$A_{u,e}$——有效焊接截面面积，应同时考虑局部焊接及其所在截面处可能存在的局部屈曲和通长焊接的影响，在考虑焊接影响时应使用 $\rho_{u,haz}$ 计算有效厚度，并符合相关规定，而当连续的局部焊接热影响区范围在沿纵向（构件长度方向）超过截面最小尺寸（如翼缘宽度）时，应进行改由 f 控制并用 ρ_{haz} 计算有效厚度的整体屈服验算，即式（4-26）变形为 $N/(\varphi_{haz}A_{u,e}f)\leqslant1.0$，且在考虑焊接影响时使用 ρ_{haz} 计算有效厚度；

φ_{haz}——局部焊接稳定系数（取截面两主轴稳定系数中的较小者），应按下式计算：

$$\varphi_{\mathrm{haz}} = \frac{1 + \eta + \overline{\lambda}_{\mathrm{haz}}^{2}}{2\overline{\lambda}_{\mathrm{haz}}^{2}} - \sqrt{\left(\frac{1 + \eta + \overline{\lambda}_{\mathrm{haz}}^{2}}{2\overline{\lambda}_{\mathrm{haz}}^{2}}\right)^{2} - \frac{1}{\overline{\lambda}_{\mathrm{haz}}^{2}}} \tag{4-27}$$

式中：$\overline{\lambda}_{\mathrm{haz}}$——局部焊接相对长细比，表达式为

$$\overline{\lambda}_{\mathrm{haz}} = \sqrt{\frac{A_{\mathrm{u,e}} f_{\mathrm{u}}}{N_{\mathrm{cr}}}} \tag{4-28}$$

$A_{\mathrm{u,e}}$——有效焊接截面面积；

N_{cr}——基于毛截面的欧拉临界应力；

f_{u}——铝合金材料的极限抗拉强度最小值。

对于双轴对称十字形截面构件，计算时应采用扭转屈曲临界力与欧拉临界应力相等得到的换算（局部焊接）相对长细比代替（局部焊接）相对长细比并代入局部焊接稳定系数计算公式中，即将式（4-25）及式（4-28）中的 N_{cr} 采用 N_{ω} 进行替换：

$$\overline{\lambda}_{\omega} = \sqrt{\frac{A_{\mathrm{e}} f_{0.2}}{N_{\omega}}} \tag{4-29}$$

$$\overline{\lambda}_{\omega,\mathrm{haz}} = \sqrt{\frac{A_{\mathrm{u,e}} f_{\mathrm{u}}}{N_{\omega}}} \tag{4-30}$$

对于单轴对称截面的轴心受压构件，对非对称轴的相对长细比仍应按式（4-25）计算（如有局部焊接，按式（4-28）），但对对称轴的长细比，应考虑弯扭效应，用下列换算（局部焊接）相对长细比代替（局部焊接）相对长细比：

$$\overline{\lambda}_{y\omega} = \sqrt{\frac{A_{\mathrm{e}} f_{0.2}}{N_{y\omega}}} \tag{4-31}$$

$$\overline{\lambda}_{y\omega,\mathrm{haz}} = \sqrt{\frac{A_{\mathrm{u,e}} f_{\mathrm{u}}}{N_{y\omega}}} \tag{4-32}$$

对于无对称轴截面的轴心受压构件，同样采用弯扭屈曲力与欧拉临界应力相等得到的换算（局部焊接）相对长细比代替（局部焊接）相对长细比：

$$\overline{\lambda}_{xy\omega} = \sqrt{\frac{A_{\mathrm{e}} f_{0.2}}{N_{xy\omega}}} \tag{4-33}$$

$$\overline{\lambda}_{xy\omega,\mathrm{haz}} = \sqrt{\frac{A_{\mathrm{u,e}} f_{\mathrm{u}}}{N_{xy\omega}}} \tag{4-34}$$

值得注意的是，以上计算内容均针对铝合金构件的毛截面。还需说明的一点是，对于端部为焊接连接的构件，即使其端部连接为焊接，但由于焊接热影响效应的存在使其刚度大大降低，故在计算受压构件的长细比时，其计算长度取值应偏保守地按端部铰接考虑。由于状态为 O 或 F 的铝合金材料焊接后强度不下降，因此不用考虑焊接热影响效应对构件计算长度的影响。

第5章 受弯构件的设计与原理

承受横向荷载或端弯矩的构件称为受弯构件。在土木工程中,受弯构件常被用作梁,如房屋建筑中的楼盖梁、屋盖梁、工作平台梁、吊车梁,以及桥梁、水工闸门、海上钻井平台中的梁等。

铝合金梁的设计必须同时满足承载能力极限状态和正常使用极限状态。承载能力极限状态验算包括强度验算和整体稳定验算。在荷载设计值作用下,梁的最大正应力、剪应力均不应超过相应的铝合金材料强度设计值。除某些特殊情况外,应通过计算梁的整体稳定性来判断梁是否会发生整体失稳,并在梁的支座处采取构造措施,防止梁端截面发生扭转。正常使用极限状态主要指梁应具有足够的抗弯刚度,即为了不影响结构和构件的正常使用和观感,在荷载标准值作用下,铝合金梁的最大挠度不大于《铝结构技术标准(征求意见稿)》规定的受弯构件挠度的容许值。

5.1 梁的有效截面

受弯构件中同样应考虑板件屈曲后的强度,按有效厚度法考虑局部屈曲对构件承载力的影响。对于需焊接的构件,同样应考虑焊接热影响效应。

构件有效厚度的计算与轴心受力构件的情况相同。但对于受弯或压弯构件,不均匀受压加劲板件的有效厚度依赖于压应力分布不均匀系数 ψ(有效厚度计算中涉及板件弹性临界屈曲应力的计算,板件弹性临界屈曲应力计算中受压板件局部稳定系数与压应力分布不均匀系数有关)。压应力分布不均匀系数的计算公式为

$$\psi = \sigma_{\min} / \sigma_{\max} \qquad (5\text{-}1)$$

式中:ψ——压应力分布不均匀系数;

$\sigma_{\max}$——受压板件边缘最大压应力(N/mm²),取正值;

$\sigma_{\min}$——受压板件另一边缘的应

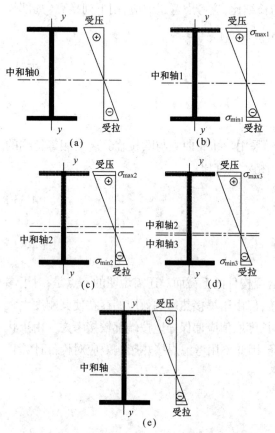

图 5-1 受弯(压弯)构件有效截面计算示意图

力（N/mm²），取压应力为正，拉应力为负。

计算压应力分布不均匀系数时，应先确定截面中和轴的位置，但中和轴位置又取决于各板件有效厚度在全截面中的分布，因此需要通过迭代计算确定中和轴位置后，才能计算其他有效截面参数。当中和轴位于截面形状发生变化部分的附近时（如工字形截面的腹板和翼缘交界处），迭代计算可能发生振荡不易收敛。因中和轴附近受压区域的板件实际应力很小，不易发生局部屈曲，迭代计算时可不考虑该区域板件的厚度折减以保证计算的收敛性。

有效截面特性按下列迭代步骤进行计算。

1）计算受压翼缘的有效厚度。

2）假定腹板全部有效（不考虑局部屈曲影响，但对于焊接情况，仍应考虑焊接热影响效应，按 4.1 节中满足宽厚比限值的情况，确定腹板有效厚度），再确定中和轴位置（图 5-1（b））。

3）根据中和轴位置计算腹板的压应力分布不均匀系数 ψ，并按 4.1 节中不满足宽厚比限值的情况，确定腹板受压区的有效厚度（图 5-1（c））。

4）根据第 3 步确定的腹板有效截面，再次计算中和轴位置（图 5-1（c））。

5）重复步骤第 3、4 步（图 5-1（d）），直至两次计算的腹板有效厚度及中和轴位置近似一致（图 5-1（e））。

6）根据最后确定的中和轴位置及各受压板件的有效截面，计算有效截面惯性矩 I_e 及有效截面模量 W_e，其中 W_e 为距中和轴较远的受压侧的有效截面模量。

对于工程中常用的截面，通常按上述步骤迭代计算 1~2 次即可获得足够的精度。

5.2　梁的强度和刚度

1. 梁的强度

梁的强度包括抗弯强度、抗剪强度。在荷载设计值作用下，二者均不应超过《铝结构技术标准（征求意见稿）》中规定的相应的材料强度设计值。

（1）梁的抗弯强度

随着作用在梁上荷载的增加，梁的弯曲应力将经历三个发展阶段（图 5-2），本小节中以双轴对称的工字形截面梁为例进行说明。

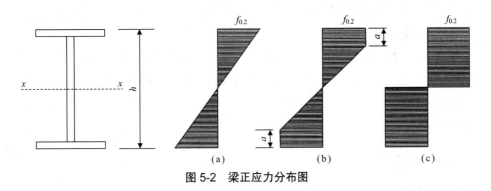

图 5-2　梁正应力分布图

（a）弹性工作阶段

当施加荷载较小时，梁截面各点的弯曲应力均小于名义屈服点$f_{0.2}$；随着荷载的增加，边缘纤维应力率先达到$f_{0.2}$（图 5-2（a）），此时，相应的截面抵抗矩为梁弹性工作阶段的最大值：

$$M_e = W f_{0.2} \tag{5-2}$$

式中：W——梁的弹性截面模量。

（b）弹塑性工作阶段

荷载继续增加，截面上、下均产生一片高度为a的区域，其应力σ达到名义屈服点$f_{0.2}$。而截面的中间部分仍保持弹性（图 5-2（b）），此时梁处于弹塑性工作阶段。

（c）塑性工作阶段

随着荷载继续增加，梁截面的塑性区不断向内发展，弹性核心不断变小，直至完全消失（图 5-2 c）。此时。荷载不再增加，但变形继续发展，形成"塑性铰"。此时，梁的承载能力达到极限，截面抵抗矩为

$$M_p = (S_1 + S_2) f_{0.2} = W_p f_{0.2} \tag{5-3}$$

式中：S_1、S_2——分别为中和轴以上及以下净截面对中和轴的面积矩；

$\quad\quad W_p$——梁的净截面塑性模量。

在计算梁的抗弯强度时，虽考虑截面塑性发展更为经济，但若按截面形成塑性铰进行设计，铝合金梁可能产生过大的挠度。因此，《铝结构设计规范》（GB 50429—2007）引入截面塑性发展系数γ_x、γ_y，来考虑截面部分地发展为塑性的情况。欧洲钢结构协会（ECCS）的铝结构委员会的研究结果表明：γ_x、γ_y的取值应保证梁在均匀弯曲作用下，跨中残余挠度小于其跨长的 1‰。

由此，梁的抗弯强度按下式进行计算：

$$\frac{M_x}{\gamma_x W_x} + \frac{M_y}{\gamma_y W_y} \leq f \tag{5-4}$$

式中：M_x、M_y——同一截面处绕x轴和y轴的弯矩（对于工字形截面，x轴为强轴，y轴为弱轴）；

$\quad\quad W_x$、W_y——对截面主轴x轴和y轴的弹性截面模量；

$\quad\quad \gamma_x$、γ_y——截面塑性发展系数，应按表 5-1 取用；

$\quad\quad f$——铝合金材料的抗弯强度设计值。

《铝结构设计规范》（GB 50429—2007）规定，主平面内受弯的构件的抗弯强度应考虑局部屈曲与焊接的影响，满足毛截面强度验算、存在孔洞处的净截面强度验算以及局部焊接截面强度验算。

毛截面应满足：

$$\frac{M_x}{\gamma_x W_{ex}} + \frac{M_y}{\gamma_y W_{ey}} \leq f \tag{5-5}$$

净截面应满足：

$$\frac{M_x}{W_{enx}} + \frac{M_y}{W_{eny}} \le f_{u,d}　　　　　　　（5-6）$$

采用式（5-5）计算净截面强度可以保证当材料屈强比相对较大时的安全性。

局部焊接截面应满足：

$$\frac{M_x}{W_{u,ex}} + \frac{M_y}{W_{u,ey}} \le f_{u,d}　　　　　　　（5-7）$$

式中：W_{ex}、W_{ey}——对截面主轴 x 轴和 y 轴的有效截面模量，应同时考虑局部屈曲和通长焊接的影响，在考虑焊接影响时应使用 ρ_{haz} 计算有效厚度，若无局部屈曲和焊接时，$W_e = W$；

W_{enx}、W_{eny}——对截面主轴 x 轴和 y 轴的有效净截面模量，应同时考虑孔洞及其所在截面处焊接的影响，在考虑焊接影响时应使用 $\rho_{u,haz}$ 计算有效厚度；

$f_{u,d}$——铝合金材料的极限抗拉强度设计值；

$W_{u,ex}$、$W_{u,ey}$——对截面主轴 x 轴和 y 轴的有效焊接截面模量，应同时考虑局部焊接及其所在截面处可能存在的局部屈曲和通长焊接的影响，在考虑焊接影响时应使用 $\rho_{u,haz}$ 计算有效厚度。

当连续的局部焊接热影响区范围在沿纵向（构件长度方向）超过截面最小尺寸（如翼缘宽度）时，应进行改由 f 控制并用 ρ_{haz} 计算有效厚度的整体屈服验算，即式（5-6）变形为 $M/W_{u,e} \le f$，且 $W_{u,e}$ 在考虑焊接影响时应使用 ρ_{haz} 计算有效厚度。

当梁的抗弯强度不满足设计要求时，增大梁的高度最为有效。

表 5-1　截面塑性发展系数 γ_x、γ_y

截面形式							
T6 类铝合金	γ_x		1.00		1.00		1.00
	γ_y		1.05		1.00		1.00
非 T6 类铝合金	γ_x		1.00		1.00		1.00
	γ_y		1.00		1.00		1.00
截面形式							

T6 类铝合金	γ_x	1.05	$\gamma_{x1}=1.00$ $\gamma_{x2}=1.05$	$\gamma_{x1}=1.00$ $\gamma_{x2}=1.05$	1.10
	γ_y	1.05	1.00	1.05	1.10
非 T6 类铝合金	γ_x	1.00	$\gamma_{x1}=1.00$ $\gamma_{x2}=1.00$	$\gamma_{x1}=1.00$ $\gamma_{x2}=1.00$	1.05
	γ_y	1.00	1.00	1.00	1.05

（2）梁的抗剪强度

在一般情况下,梁同时承受弯矩和剪力的共同作用。在常用的简化设计方法中,假设剪力完全由腹板承担。工字形截面梁腹板上的剪应力如图 5-3 所示。

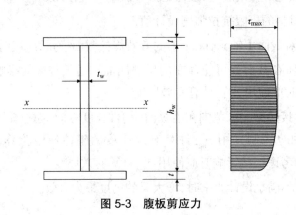

图 5-3　腹板剪应力

截面上的最大剪应力发生在腹板中和轴处,对于主平面受弯的铝合金构件,以截面上最大剪应力达到铝合金材料的抗剪屈服点作为承载能力极限状态。因此,设计的抗剪强度应按下式计算:

$$\tau = \frac{V_{max} S_e}{I_e t_{ew}} \leqslant f_v \qquad (5\text{-}8)$$

式中:V_{max}——计算截面沿腹板平面作用的最大剪力;

　　　S_e——计算剪应力处上方的有效截面对中和轴的面积矩,应同时考虑局部屈曲、局部焊接和通长焊接的影响;

　　　I_e——有效截面惯性矩,应同时考虑局部屈曲、局部焊接和通长焊接的影响;

　　　t_{ew}——腹板有效厚度,应同时考虑局部屈曲、局部焊接和通长焊接的影响;

　　　f_v——材料的抗剪强度设计值。

当梁的抗剪强度不满足要求时,最有效的办法是增大腹板面积,但由于腹板高度常受到梁的刚度条件和构造要求的限制,因此设计时常采用加大腹板厚度的办法来增加梁的抗剪强度。

2. 梁的刚度

梁的刚度不足时,将会产生较大的变形。因此,梁的刚度可以通过梁的挠度验算来表示

$$v \leqslant [v] \tag{5-9}$$

式中:v——荷载标准值下梁的最大挠度;

$[v]$——梁的容许挠度值,《铝结构技术标准(征求意见稿)》中结合《钢结构设计规范》

（GB 50017—2017）、欧洲标准及实践经验,规定了容许挠度值,见表 5-2,空间
网格结构容许挠度值详见第 7 章。

铝结构的刚度较小,在自重作用下会产生明显变形。对横向受力的构件和结构按自重
和部分活载下的挠度进行反向预起拱,可以使建成后的铝结构满足设计对外形的规定和要
求。铝结构的实际变形是在运营阶段由活荷载产生的变形,如果按实际变形和自重下的变
形的总和来控制铝结构的挠度限值,将导致因保守而产生浪费。所以,在计算挠度时可以按
挠度的总和减去起拱值来进行结构变形和挠度的限制。

表 5-2　受弯构件挠度的容许值

序号	构件类别	容许值
1	框架结构主梁	$l/400$
2	框架结构次梁、门式刚架山墙抗风柱、塔架和网格结构的构件	$l/250$
3	檩条和横隔板（在恒载作用下）	$l/200$
4	门式刚架屋面斜梁、框架网格塔架等围护结构的构件	$l/180$
5	围护面板	$l/100$
6	门式刚架屋面檩条	$l/150$
7	门式刚架刚架墙檩	$l/100$
8	人行桥栏杆	$H/100$

注:l 为跨度或支点间距离,悬臂构件可取挑出长度的 2 倍;H 为栏杆净高度

5.3　梁的整体稳定性

1. 梁的整体失稳现象

一般来说,梁的屈曲过程为弯扭屈曲过程,又称为整体失稳现象。随着横向荷载的逐渐
增加,弯矩作用平面内的竖向位移逐渐增加,当达到临界荷载时,梁会发生侧向弯曲和扭转
变形,并丧失承载能力。梁维持其稳定平衡状态所承受的最大弯矩,称为临界弯矩。

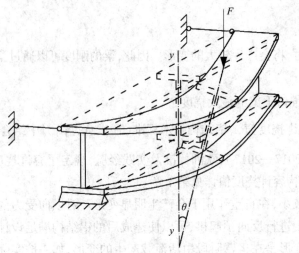

图 5-4　梁的整体失稳现象

横向荷载的临界值与其作用位置有关。荷载作用在截面剪心上方时,在梁产生微小侧向位移和扭转情况下,荷载将产生绕剪心的附加扭矩,它将对梁的侧向弯曲和扭转起促进作用,使梁加速丧失整体稳定;荷载作用在截面剪心下方时,它将产生反方向的附加扭矩,有利于阻止梁发生侧向弯曲与扭转,延缓梁丧失整体稳定。后者的临界弯矩将高于前者。

2. 梁的临界弯矩

根据弹性稳定理论,可以推导出两端夹支的纯弯构件的弹性临界弯矩公式。夹支条件即支座处截面可以自由翘曲、能绕截面强轴和截面弱轴转动,但不能绕梁轴线扭转,也不能侧向移动。两端夹支的纯弯构件的弹性临界弯矩的表达式为

$$M_{cr} = \frac{\pi^2 E I_y}{l_y^2} \left[\beta_y + \sqrt{\beta_y^2 + \frac{I_\omega}{I_y} \left(1 + \frac{G I_t l_\omega^2}{\pi^2 E I_\omega} \right)} \right] \qquad (5\text{-}10)$$

式中:M_{cr}——理想纯弯曲梁的弹性临界弯矩;

$\quad l_y$——平面外弯曲屈曲计算长度,$l_y = \mu_y l$,其中 μ_y 为弯曲屈曲计算长度系数,在跨间无侧向支撑时取 1,跨中设一道侧向支撑或跨间有不少于两个等距布置的侧向支撑时取 0.5;

$\quad l_\omega$——梁的扭转屈曲计算长度,$l_\omega = \mu_\omega l$,其中 μ_ω 为扭转屈曲计算长度系数,按表 5-3 用;

$\quad I_y$——绕弱轴 y 轴的毛截面惯性矩;

$\quad I_\omega$——毛截面的扇性惯性矩,对于 T 形截面、十字形截面、三角形截面可近似取 0;

$\quad I_t$——毛截面的自由扭转惯性矩,若截面是由长度为 b_i 和厚度为 t_i 的 n 个矩形块组成则可取为 $I_t = \frac{1}{3} \sum_{i=1}^{n} b_i t_i^3$;

$\quad E I_y$——梁的侧向抗弯刚度;

$\quad G I_t$——梁的自由扭转刚度;

EI_ω——梁的翘曲扭转刚度;

β_y——不对称截面形状系数: $\beta_y = \dfrac{1}{2I_x}\displaystyle\int_A y(x^2+y^2)\mathrm{d}A - y_0$;

y_0——形心到剪心的竖向距离, $y_0 = -\dfrac{I_1 h_1 - I_2 h_2}{I_y}$,其中 I_1、I_2 分别为受压翼缘和受拉翼

缘对 y 轴的惯性矩,当剪心到形心的指向与挠曲方向一致时取负,相反时取正。

对于双轴对称截面: $\beta_y = 0$,因此式(5-9)可以简化为

$$M_{cr} = \frac{\pi^2 EI_y}{l_y^2}\left[\sqrt{\frac{I_\omega}{I_y}\left(1+\frac{GI_t l_\omega^2}{\pi^2 EI_\omega}\right)}\right] \tag{5-11}$$

在实际工程中,受弯构件所受到的荷载作用是不同的,荷载作用的位置也存在差异,在弹性稳定理论的基础上可以推导出临界弯矩的通用计算公式:

$$M_{cr} = \beta_1 \frac{\pi^2 EI_y}{l_y^2}\left[\beta_2 e_a + \beta_3 \beta_y + \sqrt{\left(\beta_2 e_a + \beta_3 \beta_y\right)^2 + \frac{I_\omega}{I_y}\left(1+\frac{GI_t l_\omega^2}{\pi^2 EI_\omega}\right)}\right] \tag{5-12}$$

式中: β_1——临界弯矩修正系数,取决于荷载的形式;

β_2——荷载作用点位置影响系数;

e_a——荷载作用点与剪切中心之间的距离,当荷载不作用在剪心且荷载方向指向剪心时为负,离开剪心时为正,如图 5-5 所示;

β_3——荷载形式不同对单轴对称截面的影响系数, $\beta_y = \dfrac{\displaystyle\int_A y(x^2+y^2)\mathrm{d}A}{2I_x} - y_0$。

表 5-3 构件的扭转屈曲计算长度系数 μ_ω

序号	支撑条件	μ_ω
1	两端支承	1.0
2	一端支承,另一端自由	2.0

给出的临界弯矩计算公式适用于对称截面以及单轴对称截面绕对称轴弯曲的情况(图 5-5)。对于绕非对称轴弯曲的截面,如单轴对称工字形截面绕强轴弯曲时,临界弯矩计算式中 β_1、β_2、β_3 的取值存在一定争议。β_1、β_2、β_3 的取值还与构件的端部约束条件有关,具体取值,请参考欧洲规范,见表 5-4。

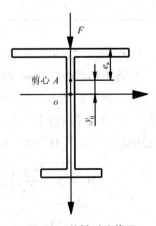

图 5-5 单轴对称截面

表 5-4　各类荷载及边界约束情况下的 β_1、β_2、β_3 系数的取值

弯矩作用平面内荷载及支承情况	弯矩图	计算长度系数 μ_ω	β_1	β_2	β_3
	$\alpha=1$	1.0	1.000	0	1.000
		0.5	1.000	0	1.144
	$\alpha=1/2$	1.0	1.323	0	0.992
		0.5	1.514	0	2.271
	$\alpha=0$	1.0	1.879	0	0.939
		0.5	2.150	0	2.150
	$\alpha=-1/2$	1.0	2.704	0	0.676
		0.5	3.093	0	1.546
	$\alpha=-1$	1.0	2.752	0	0
		0.5	3.149	0	0
		1.0	1.132	0.459	0.525
		0.5	0.972	0.304	0.980
		1.0	1.285	1.562	0.753
		0.5	0.712	0.652	1.070
		1.0	1.365	0.553	1.730
		0.5	1.070	0.432	3.050
		1.0	1.565	1.267	2.640
		0.5	0.938	0.715	4.800
		1.0	1.046	0.430	1.120
		0.5	1.010	0.410	1.890

　　如果梁在发生弯扭屈曲时,部分截面已经进入塑性阶段,则截面外侧有一部分纤维应力应变将不再按弹性比例线性增加,其增量的比值变为切线模量,但根据截面各点的切线模量计算临界弯矩是十分困难的,且不利于工程应用。因此,偏安全地假设截面上所有纤维的切线模量均和受压边缘纤维相同,将式(5-11)中的弹性模量替换为相应的切线模量,可得到近似的临界弯矩计算公式:

$$M_{cr} = \beta_1 \frac{\pi^2 E_t I_y}{l_y^2} \left[\beta_2 e_a + \beta_3 \beta_y + \sqrt{\left(\beta_2 e_a + \beta_3 \beta_y \right)^2 + \frac{I_\omega}{I_y} \left(1 + \frac{G I_t l_\omega^2}{\pi^2 E_t I_\omega} \right)} \right] \quad (5\text{-}13)$$

3. 梁的整体稳定系数

梁的临界应力为

$$\sigma_{cr} = \frac{M_{cr}}{W_x} \tag{5-14}$$

式中：W_x——梁对 x 轴的毛截面模量。

梁的整体稳定应满足下式：

$$\sigma = \frac{M_x}{W_x} \leqslant \sigma_{cr} = \frac{\sigma_{cr}}{f_{0.2}} \frac{f_{0.2}}{\gamma_R} = \varphi_b f \tag{5-15}$$

式中：φ_b——梁的稳定系数，为弯扭屈曲应力与材料名义屈服强度的比值。

为了使梁与柱的稳定曲线有统一的表达形式，采用非线性函数的最小二乘法将各类截面的理论值 φ_b 拟合为 Perry-Robertson 公式形式的表达式：

$$\varphi_b = \frac{1 + \eta_b + \overline{\lambda}_b^2}{2\overline{\lambda}_b^2} \sqrt{\left(\frac{1 + \eta_b + \overline{\lambda}_b^2}{2\overline{\lambda}_b^2}\right)^2 - \frac{1}{\overline{\lambda}_b^2}} \tag{5-16}$$

式中：η_b——考虑构件几何缺陷的 Perry-Robertson 系数（缺陷系数），可以选用不同的取值方法，欧标建议的缺陷系数形式为

$$\eta_b = \alpha_b \left(\overline{\lambda}_b - \overline{\lambda}_{0,b}\right) \tag{5-17}$$

式中：$\overline{\lambda}_b$——梁的相对长细比，按下列公式进行计算：

$$\overline{\lambda}_b = \sqrt{\frac{W_{ex} f}{M_{cr}}} \tag{5-18}$$

式中：M_{cr}——梁的弹性临界，由式（5-11）计算得出；

　　　W_{ex}——对强轴受压边缘的有效截面模量。

式（5-17）中的参数 α_b 与 $\overline{\lambda}_{0,b}$ 对稳定系数 φ_b 有着不同程度的影响。当 α_b 不变时，$\overline{\lambda}_{0,b}$ 越大，受弯构件在较小长细比情况下的稳定系数越高；而当 $\overline{\lambda}_{0,b}$ 不变时，α_b 越小，构件在中等长细比情况下的稳定系数越高。

分析表明，影响弯扭屈曲应力的因素主要有以下几个：①合金材料性能；②构件的截面形状及其尺寸比；③荷载类型及其在截面上的作用点位置；④跨中有无侧向支承和端部约束情况；⑤初始变形、加载偏心和残余应力等初始缺陷；⑥截面的塑性发展性能等。根据不同合金材料、不同荷载作用形式下各类工字形截面、槽形截面、T 形截面梁的数值模拟计算结果，经统计分析后得出 α_b、$\overline{\lambda}_{0,b}$ 的取值，从而确定梁的弹塑性弯扭稳定系数计算公式。对于 T6 类铝合金：$\alpha_b = 0.20$，$\overline{\lambda}_{0,b} = 0.36$；对于非 T6 类铝合金：$\alpha_b = 0.25$，$\overline{\lambda}_{0,b} = 0.30$。图 5-6、图 5-7 给出了同济大学完成的跨中集中力作用下工字形截面梁与槽形梁的弯扭稳定试验结果、数值结果与各标准公式计算结果的比较。

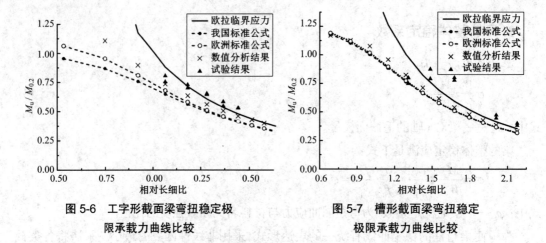

图 5-6　工字形截面梁弯扭稳定极
限承载力曲线比较

图 5-7　槽形截面梁弯扭稳定
极限承载力曲线比较

对于存在局部焊接的梁，其局部焊接整体稳定系数 $\varphi_{b,haz}$ 应按下式计算：

$$\varphi_{b,haz}=\frac{1+\eta_b+\overline{\lambda}^2_{b,haz}}{2\,\overline{\lambda}^2_{b,haz}}\sqrt{\left(\frac{1+\eta_b+\overline{\lambda}^2_{b,haz}}{2\,\overline{\lambda}^2_{b,haz}}\right)^2-\frac{1}{\overline{\lambda}^2_{b,haz}}} \tag{5-19}$$

式中：$\overline{\lambda}_{b,haz}$——局部焊接整体稳定相对长细比，其应按下式计算：

$$\overline{\lambda}_{b,haz}=\sqrt{\frac{W_{u,ex}f_u}{M_{cr}}} \tag{5-20}$$

4. 梁的整体稳定性计算

（1）梁的整体稳定的保证

为了提高梁的整体稳定性，当有铺板密铺在梁的受压翼缘上时，应使之与梁牢固连接，便能阻止受压翼缘的侧向位移，梁就不会丧失整体稳定，因此也不必计算梁的整体稳定性。若无铺板或铺板与梁受压翼缘连接不可靠时，可以考虑设置平面支承，包括横向平面支承与纵向平面支承两种。横向支承的作用是减少主梁受压翼缘的自由长度，纵向支承的作用是保证整体结构的横向刚度。

（2）梁的整体稳定计算

当不满足无须计算整体稳定性的条件时，《铝结构设计规范》（GB 50429—2007）规定了梁在最大刚度平面内，整体稳定性的计算公式：

$$\frac{M_x}{\varphi_b W_{ex}}\leqslant f \tag{5-21}$$

式中：M_x——绕强轴作用的最大弯矩；

　　　　W_{ex}——对强轴受压边缘的有效截面模量；

　　　　φ_b——梁的整体稳定系数。

对于存在局部焊接的构件，除应按式（5-21）计算外，还应按下式计算：

$$\frac{M_x}{\varphi_{b,haz}W_{u,ex}}\leqslant f_{u,d} \tag{5-22}$$

式中：M_x——绕强轴作用的最大弯矩；

$\varphi_{\mathrm{b,haz}}$——梁的局部焊接整体稳定系数，应按式（5-18）计算；

$W_{\mathrm{u,ex}}$——对强轴受压边缘的有效焊接截面模量。

当连续的局部焊接热影响区范围在沿纵向（构件长度方向）超过截面最小尺寸（如翼缘宽度）时，应进行改由 f 控制，并用 ρ_{haz} 计算有效厚度的整体屈服验算，即式（5-19）变形为 $M/\varphi_{\mathrm{b,haz}}W_{\mathrm{u,e}} \leq f$，且在考虑焊接影响时应使用 ρ_{haz} 计算有效厚度。

当梁的整体稳定承载力不足时，可采用加大梁截面尺寸或增加侧向支撑的办法解决。对于前一种办法，增大受压翼缘的宽度最为有效。

第6章 拉弯和压弯构件的设计与原理

同时承受轴向拉力和弯矩的构件称为拉弯构件,或偏心受拉构件;同时承受轴向压力和弯矩的构件称为压弯构件,或偏心受压构件。弯矩可能由轴向荷载偏心、端弯矩或横向荷载引起。当弯矩只绕构件截面的一个形心主轴作用时,称为单向压弯(或拉弯)构件;绕两个形心主轴均有弯矩时,称为双向压弯(或拉弯)构件。

进行拉弯和压弯构件设计时,应同时满足承载能力极限状态和正常使用极限状态的要求。拉弯构件一般只需验算强度和刚度(限制长细比)。但对于以承受弯矩为主的拉弯构件,当截面因弯矩产生较大压应力时,还应考虑稳定性问题。对于压弯构件,则需计算强度、整体稳定性(弯矩作用平面内的稳定性和弯矩作用平面外的稳定性)和刚度(限制长细比)。对于铝合金拉弯和压弯构件,同样应考虑板件的屈曲后强度,有效截面计算方法同受弯构件。

6.1 拉弯和压弯构件的强度和刚度

1. 拉弯和压弯构件的强度

以压弯构件为例,在轴心压力和弯矩的共同作用下,工字形截面上的正应力发展过程如图 6-1 所示。

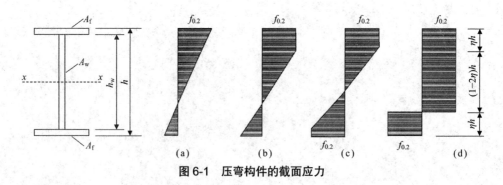

图 6-1 压弯构件的截面应力

在假设轴向力不变而弯矩不断增加的情况下,截面应力将经历四个发展阶段:

1)边缘纤维的最大应力达到名义屈服强度(图 6-1(a));

2)在最大应力一侧,部分截面塑性发展(图 6-1(b));

3)两侧截面均塑性发展(图 6-1(c));

4)全截面进入塑性状态图 6-1(d)),此时截面达到承载能力极限状态。

若采用全截面屈服准则进行计算,构件受力最大截面形成塑性铰,达到强度极限,构件处于塑性工作阶段。如图 6-1（d），根据内外力平衡条件，可以获得轴心力 N 和弯矩 M 的关系式。为简化计算，取 $h \approx h_w$，令 $A_f = \alpha A_w$。

内力的计算分为两种情况。

1）中和轴在腹板范围内（ $N \leq A_w f_{0.2}$ ），可得

$$N = (1 - 2\eta) h t_w f_{0.2} = (1 - 2\eta) A_w f_{0.2} \tag{6-1}$$

$$M = A_f f_{0.2} h + \eta A_w f_{0.2} \times (1 - \eta) h = A_w f_{0.2} h (\alpha + \eta - \eta^2) \tag{6-2}$$

消去以式（6-1）和式（6-2）中的 η，并令：

$$N_p = A f_{0.2} = (2\alpha + 1) A_w f_{0.2} \tag{6-3}$$

$$M_p = W_p f_{0.2} = (\alpha A_w h + 0.25 A_w h) f_{0.2} = (\alpha + 0.25) A_w h f_{0.2} \tag{6-4}$$

得到 N-M 相关公式：

$$\frac{(2\alpha + 1)^2}{4\alpha + 1} \frac{N^2}{N_p^2} + \frac{M}{M_p} = 1 \tag{6-5}$$

2）中和轴在翼缘范围内（ $N > A_w f_{0.2}$ ），按上述方法可得到 N-M 相关公式

$$\frac{N}{N_p} + \frac{4\alpha + 1}{2(2\alpha + 1)} \frac{M}{M_p} = 1 \tag{6-6}$$

可见，式（6-5）与式（6-6）均为曲线表达式，如图 6-2 所示。

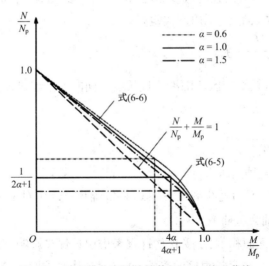

图 6-2　压弯和拉弯构件的截面 N-M 关系曲线

若采用边缘屈服准则进行计算，即构件受力最大截面边缘处的最大应力达到名义屈曲强度，便认为达到强度极限，构件处在弹性工作阶段。如图 6-1（a），由于处于弹性阶段，计算应采用弹性截面模量 W，且轴心力 N 与弯矩 M 产生的应力可以线性叠加，二者叠加的应力之和不应超过相应的材料名义屈服强度：

$$\frac{N}{A} + \frac{M}{W} \leq f_{0.2} \tag{6-7}$$

即：

$$\frac{N}{Af_{0.2}} + \frac{M}{Wf_{0.2}} \leq 1 \qquad (6\text{-}8)$$

由此得到的 $N\text{-}M$ 相关公式为线性的，即

$$\frac{N}{N_p} + \frac{M}{M_p} \leq 1 \qquad (6\text{-}9)$$

《铝结构技术标准（征求意见稿）》采用了线性相关公式代替曲线相关公式，但考虑截面可以部分塑性发展。令 $N_p = Af_{0.2}$，$M_p = \gamma Wf_{0.2}$，再引入抗力分项系数，即得到规定的弯矩作用在截面主平面内的拉弯和压弯构件强度计算公式：

$$\frac{N}{A} \pm \frac{M_x}{\gamma_x W_x} \pm \frac{M_y}{\gamma_y W_y} \leq f \qquad (6\text{-}10)$$

对于毛截面，应采用下式验算：

$$\frac{N}{A_e} \pm \frac{M_x}{\gamma_x W_{ex}} \pm \frac{M_y}{\gamma_y W_{ey}} \leq f \qquad (6\text{-}11)$$

对于净截面，应采用下式验算：

$$\frac{N}{0.9A_{en}} \pm \frac{M_x}{W_{enx}} \pm \frac{M_y}{W_{eny}} \leq f_{u,d} \qquad (6\text{-}12)$$

式中：0.9——考虑受拉时孔洞的不利影响的系数。

采用式（6-12）计算净截面强度可以保证当材料屈强比相对较大时的安全性。

对于有局部焊接的截面，应采用下式验算：

$$\frac{N}{A_{u,e}} \pm \frac{M_x}{W_{u,ex}} \pm \frac{M_y}{W_{u,ey}} \leq f_{u,d} \qquad (6\text{-}13)$$

当连续的局部焊接热影响区范围沿构件长度方向的尺寸超过截面最小尺寸时，还应按下式补充验算局部焊接截面：

$$\frac{N}{A_{u,e}} \pm \frac{M_x}{W_{u,ex}} \pm \frac{M_y}{W_{u,ey}} \leq f \qquad (6\text{-}14)$$

式中：N——轴向拉力或轴向压力；

M_x、M_y——同一截面处绕截面主轴 x 轴和 y 轴的弯矩（对工字形截面，x 轴为强轴，y 轴为弱轴）；

A_e——有效毛截面面积，对于受拉构件仅考虑通长焊接影响，对于受压构件应同时考虑局部屈曲和通长焊接的影响，在考虑焊接影响时应使用 ρ_{haz} 计算有效厚度，若无局部屈曲和焊接时，$A_e = A$；

A_{en}——有效净截面面积，应同时考虑孔洞及其所在截面处焊接的影响，在考虑焊接影响时应使用 $\rho_{u,haz}$ 计算有效厚度；

$A_{u,e}$——有效焊接截面面积，对于受拉构件仅考虑局部焊接及其所在截面处可能存在的通长焊接的影响，对于受压构件应同时考虑局部焊接及其所在截面处可能存在的局部屈曲和通长焊接的影响，当采用式（6-13）时应使用 $\rho_{u,haz}$ 计算有效

厚度,当采用式(6-14)时应使用 ρ_{haz} 计算有效厚度;

W_{ex}、W_{ey}——对截面主轴 x 轴和 y 轴的有效截面模量,应同时考虑局部屈曲和通长焊接的影响,在考虑焊接影响时应使用 ρ_{haz} 计算有效厚度,若无局部屈曲和焊接时,$W_e = W$;

W_{enx}、W_{eny}——对截面主轴 x 轴和 y 轴的有效截面模量,应同时考虑孔洞及其所在截面处焊接的影响,在考虑焊接影响时应使用 $\rho_{u,haz}$ 计算有效厚度;

$W_{u,ex}$、$W_{u,ey}$——对截面主轴 x 轴和 y 轴的有效焊接截面模量,应同时考虑局部焊接及其所在截面处可能存在的局部屈曲和通长焊接的影响,当采用式(6-13)时应使用 $\rho_{u,haz}$ 计算有效厚度,当采用式(6-14)时应使用 ρ_{haz} 计算有效厚度;

γ_x、γ_y——截面塑性发展系数,应按表 5-1 取用;

f——铝合金材料的抗拉、抗压和抗弯强度设计值。

考虑截面的塑性发展后,截面强度计算值大于按边缘纤维屈服准则得到的值。这时,按线性相关公式计算是偏于安全的。

2. 拉弯和压弯构件的刚度

与轴心受力构件一样,为满足结构正常使用要求,拉弯和压弯构件应具备一定的刚度,应通过计算构件长细比是否超过规范规定的容许长细比来验算。《铝结构技术标准(征求意见稿)》根据构件类型和荷载情况,分别规定了拉弯和压弯构件的容许长细比,见表 6-1 和表 6-2。

表 6-1 拉弯构件的容许长细比

序号	构件名称	一般建筑结构(承受静力荷载)
1	网壳构件、网架桁架支座附近构件	300
2	门式刚架、框架、网架桁架、塔架中的杆件	350
3	其他拉杆、支承、系杆等	400

注:①承受静力荷载的结构中,可仅计算受拉构件在竖向平面内的长细比;
②受拉构件在永久荷载与风荷载组合下受压时,其长细比不宜超过 250;
③对于跨度等于或大于 60 m 承受静力荷载的桁架,其受拉弦杆和腹杆的长细比不宜超过 300。

表 6-2 压弯构件的容许长细比

序号	构件名称	容许长细比
1	网架和网壳构件、框架柱、塔架、桁架弦杆、柱子缀条	150
2	门式刚架柱	180
3	框架、塔架、桁架支承等	200
4	门式刚架支承	220

注:①桁架(包括空间桁架)的受压腹杆,当其内力等于或小于承载能力的 50% 时,容许长细比可以取 200;
②计算单角铝受压构件的长细比时,应采用角铝的最小回转半径,但计算在交叉点相互连接的交叉杆件平面外的长细比时,可采用与角铝肢边平行轴的回转半径;
③对于跨度等于或大于 60 m 的桁架,其受压弦杆和端压杆的容许长细比宜取 100,其他承受静力荷载的受压腹杆可取 150。

6.2　压弯构件的整体稳定性

既受压又受弯的杆件（也称梁柱）丧失稳定的现象也称为压弯构件的失稳。对于双轴对称的开口截面压弯构件和具有很大抗扭刚度的箱形截面压弯构件，可能在弯矩作用平面内发生弯曲失稳，也可能在弯矩作用平面外发生弯扭失稳。对于单轴对称截面的压弯构件，由于剪心与重心不重合，即使在轴心荷载作用下，也可能会导致杆件的扭转。对单轴对称截面压弯构件常采用措施防止截面扭转，因此，除考虑弯扭失稳外，还应考虑平面内弯曲失稳。无对称轴截面的压弯构件，总是会发生弯扭失稳。

1. 弯矩作用平面内的稳定性计算

确定压弯构件在弯矩作用平面内的整体稳定承载力的方法，可分为两大类。一类是基于边缘屈服准则的计算方法；一类是基于最大强度准则的计算方法，即采用解析法和精度较高的数值计算方法。

（1）边缘屈服准则

（a）等效弯矩系数

以两端铰接的压弯构件为例，假设横向荷载作用下产生的跨中挠度为 v_m，并假设各点挠度沿构件全长呈正弦曲线分布。轴力作用后，跨中挠度增加 v_1，则构件中点挠度增加为

$$v_{max} = v_m + v_1 = \frac{1}{1 - N/N_E} v_m \tag{6-15}$$

令 $\alpha = N/N_E$，则跨中总弯矩为

$$M_{max} = M + N\frac{v_m}{1-\alpha} = \frac{M}{1-\alpha}\left(1 - \alpha + \frac{Nv_m}{M}\right) = \frac{M}{1-\alpha}\left[1 + \left(\frac{N_E v_m}{M} - 1\right)\alpha\right]$$

$$= \frac{\beta_m M}{1-\alpha} = \eta M \tag{6-16}$$

式中：M——横向荷载产生的跨中弯矩；

β_m——等效弯矩系数，$\beta_m = 1 + \left(\frac{N_E v_m}{M} - 1\right)\frac{N}{N_E}$；

η——弯矩放大系数，$\eta = \frac{\beta_m}{1 - N/N_E}$。

（b）压弯构件弯矩作用平面内稳定性计算的边缘屈服准则

当采用边缘屈服准则进行计算时，构件处于弹性状态；再考虑初始缺陷的影响，假定各种初始缺陷的等效初弯曲呈跨中挠度为 v_0 的正弦曲线，在任意横向荷载或端弯矩作用下的计算弯矩为 M，根据上一节的介绍，可得跨中总弯矩为

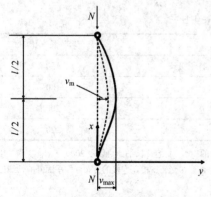

图 6-3　两端铰接的压弯构件

$$M_{\max} = \frac{\beta_{\mathrm{m}} M + N v_0}{1 - \dfrac{N}{N_{\mathrm{E}}}} \qquad (6-17)$$

当构件中点截面边缘纤维刚刚达到屈服时,表达式为

$$\frac{N}{A} + \frac{\beta_{\mathrm{m}} M + N v_0}{\left(1 - \dfrac{N}{N_{\mathrm{E}}}\right) W} = f_{0.2} \qquad (6-18)$$

对于轴心受力构件有 $M = 0$,且轴心力作用下的临界力 $N_0 = \varphi A f_{0.2} > N$,则式(6-18)可退化为考虑初始缺陷的轴心受压构件边缘屈服时的表达式:

$$\frac{N_0}{A} + \frac{N_0 v_0}{\left(1 - \dfrac{N_0}{N_{\mathrm{E}}}\right) W} = f_{0.2} \qquad (6-19)$$

$$N_0 = \varphi A f_{0.2} \qquad (6-20)$$

由此可解得轴心受压构件等效初弯曲:

$$v_0 = \left(\frac{1}{\varphi} - 1\right)\left(1 - \varphi \frac{A f_{0.2}}{N_{\mathrm{E}}}\right) \frac{W}{A} \qquad (6-21)$$

将式(6-21)代入式(6-18)中,整理得到弹性压弯构件边缘屈服准则相关公式:

$$\frac{N}{\varphi A} + \frac{\beta_{\mathrm{m}} M}{\left(1 - \varphi \dfrac{N}{N_{\mathrm{E}}}\right) W} = f_{0.2} \qquad (6-22)$$

式(6-22)采用了与轴心压杆相同的等效初弯曲,而轴心压杆的整体稳定性计算公式考虑了残余应力和材料弹塑性影响,这使得由式(6-22)表示的压弯构件整体稳定性也间接地反映了残余应力和材料非弹性的影响,因此式(6-22)并不是真正意义上的边缘纤维屈服准则,而存在一定的误差。

(2)最大强度准则

压弯构件在发生受压最大边缘刚屈服时,其尚有较大的强度储备,可以容许截面发展一定的塑性。此外,压弯构件的稳定承载力极限值不仅与构件的长细比和偏心率有关,且与构件的截面形式和尺寸、构件轴线的初始弯曲、截面上残余应力的分布和大小、材料的应力 – 应变特性、端部约束条件以及荷载作用方式等因素有关。因此,宜采用最大强度准则,即采用考虑上述各种因素的数值分析法,并将承载力极限值的计算结果作为确定实用计算公式的依据。

随着影响因素的不同,计算曲线往往存有较大差异,很难用一个统一的公式来表达。研究发现,采用相关公式的形式可以较好地解决上述问题。但影响稳定极限承载力的因素众多,同时构件失稳时其已进入弹塑性工作阶段,要获得精确的、符合各种不同情况的理论相关公式几乎不可能。因此,只能根据理论分析结果,经过数值运算,得到比较符合实际又能满足工程精度要求的实用相关公式。

因此,《铝结构技术标准》采用了弹性压弯构件边缘屈服准则相关公式的形式,对于构件长细比、合金种类、截面形式、受弯方向和荷载偏心率等参数影响,通过修正系数 η 来考

虑,提出近似相关公式:

$$\frac{N}{\varphi_x A} + \frac{M_x}{\gamma_x W_{1x}\left(1 - \eta_1 \dfrac{N}{N_E}\right)} = f_{0.2} \tag{6-23}$$

式中:φ_x——弯矩作用平面内的轴心受压构件的稳定系数;

$\quad\quad W_{1x}$——在弯矩作用平面内对较大受压纤维的毛截面模量。

(3)《铝结构技术标准(征求意见稿)》规定的压弯构件整体稳定性计算公式

式(6-22)仅适用于弯矩沿杆长均匀分布的两端铰接压弯构件,当弯矩非均匀分布时,构件的实际承载力要高,采用等效弯矩 $\beta_{mx} M_x$ 来考虑。与轴压构件相同,当压弯构件截面中的受压板件的宽厚比大于规范规定时,还应考虑局部屈曲的影响。此外,对于焊接构件,还应考虑焊接缺陷的影响。考虑上述各种因素,并引入抗力分项系数,即得到压弯构件弯矩平面内的稳定性计算公式:

$$\frac{N}{\eta_{as}\eta_{haz}\varphi_x A_e} + \frac{\beta_{mx} M_x}{\gamma_x W_{1ex}\left(1 - \eta_1 \dfrac{N}{N_E'}\right)} \leqslant f \tag{6-24}$$

对于存在局部焊接的构件,除应按式(6-24)计算外,还应按下式计算:

$$\frac{N}{\varphi_{x,haz} A_{u,e}} + \frac{M_x}{W_{u,1ex}\left(1 - \eta_1 \dfrac{N}{N_E'}\right)} \leqslant f_{u,d} \tag{6-25}$$

当连续的局部焊接热影响区范围沿构件长度方向的尺寸超过截面最小尺寸时,还应按下式补充验算:

$$\frac{N}{\varphi_{x,haz} A_{u,e}} + \frac{\beta_{mx} M_x}{W_{u,1ex}\left(1 - \eta_1 N / N_{Ex}'\right)} \leqslant f \tag{6-26}$$

式中:N——所计算构件段范围内的轴心压力;

$\quad\quad A_e$——有效毛截面面积,对于受拉构件仅考虑通长焊接影响,对于受压构件应同时考虑局部屈曲和通长焊接的影响,在考虑焊接影响时应使用 ρ_{haz} 计算有效厚度,若无局部屈曲和焊接时,$A_e = A$;

$\quad\quad A_{u,e}$——有效焊接截面面积,对于受拉构件仅考虑局部焊接及其所在截面处可能存在的通长焊接的影响,对于受压构件应同时考虑局部焊接及其所在截面处可能存在的局部屈曲和通长焊接的影响,当采用式(6-25)时应使用 $\rho_{u,haz}$ 计算有效厚度,当采用式(6-26)时应使用 ρ_{haz} 计算有效厚度;

$\quad\quad \varphi_x$——弯矩作用平面内的轴心受压构件的稳定系数;

$\quad\quad \varphi_{x,haz}$——局部焊接稳定系数(取截面两主轴稳定系数中的较小者),按式(4-30)进行计算;

$\quad\quad N_E'$——参数,$N_E' = N_E / 1.2$,相当于欧拉临界应力除以抗力分项系数 1.2;

$\quad\quad M_x$——所计算构件段范围内的最大弯矩;

$\quad\quad W_{1ex}$——在弯矩作用平面内对较大受压纤维的有效截面模量,应同时考虑局部屈曲和

通长焊接的影响;

$W_{\text{u,1ex}}$——在弯矩作用平面内对较大受压纤维的有效焊接截面模量,应同时考虑局部焊接及其所在截面处可能存在的局部屈曲和通长焊接的影响;

η_1——修正系数,T6 类铝合金取 0.75,非 T6 类铝合金取 0.9;

η_{haz}——通长焊接修正系数,按表 4-9 取用,无焊接时取值为 1,发生扭转失稳或弯扭失稳时取值为 1;

η_{as}——截面非对称性系数,按表 4-9 取用,构件为双轴对称截面时取值为 1,发生扭转失稳或弯扭失稳时取值为 1,等边角形截面构件发生绕非对称轴弯曲失稳时取值为 1;

β_{mx}——等效弯矩系数;

γ_x、γ_y——截面塑性发展系数,应按表 5-1 取用。

上式中的等效弯矩系数 β_{mx} 应按下列规定采用。

1)框架柱和两端支承的构件如下。

无横向荷载作用时,$\beta_{\text{mx}} = 0.60 + 0.40 \dfrac{M_2}{M_1}$。其中 M_1 和 M_2 为端弯矩,使构件产生同向曲率(无反弯点)时取同号;使构件产生反向曲率(有反弯点)时取异号。$|M_1| \geq |M_2|$ 为研究者通过大量数值分析得出的结论,并得到了试验结果的验证。

有端弯矩和横向荷载同时作用时:使构件产生同向曲率时,$\beta_{\text{mx}} = 1.0$;使构件产生反向曲率时,$\beta_{\text{mx}} = 0.85$。

无端弯矩但有横向荷载作用时,$\beta_{\text{mx}} = 1.0$。

2)悬臂构件和分析内力未考虑二阶效应的无支承纯框架和弱支承框架柱,$\beta_{\text{mx}} = 1.0$。

对于单轴对称截面(如 T 形和槽形截面)压弯构件,当弯矩作用在对称轴平面内且使翼缘受压时,无翼缘侧有可能由于拉应力较大而首先屈服。对此种情况,除应按式(6-24)进行计算外,尚应对无翼缘侧采用下式进行计算:

$$\left| \frac{N}{A_{\text{e}}} - \frac{\beta_{\text{mx}} M_x}{\gamma_x W_{2\text{ex}} (1 - \eta_2 N / N'_{\text{E}})} \right| \leq f \tag{6-27}$$

对于存在局部焊接的构件,除按式(6-27)计算外,还应按下式计算:

$$\left| \frac{N}{A_{\text{u,e}}} - \frac{\beta_{\text{mx}} M_x}{W_{\text{u,2ex}} (1 - \eta_2 N / N'_{\text{E}})} \right| \leq f_{\text{u,d}} \tag{6-28}$$

当连续的局部焊接热影响区范围沿构件长度方向的尺寸超过截面最小尺寸时,还应按下式补充验算:

$$\left| \frac{N}{A_{\text{u,e}}} - \frac{\beta_{\text{mx}} M_x}{W_{\text{u,2ex}} (1 - \eta_2 N / N'_{\text{E}})} \right| \leq f \tag{6-29}$$

式中: $W_{2\text{ex}}$——对无翼缘端的有效截面模量,应同时考虑局部屈曲和通长焊接的影响;

$W_{\text{u,2ex}}$——对无翼缘端的有效焊接截面模量,应同时考虑局部焊接及其所在截面处可能存在的局部屈曲和通长焊接的影响;当采用式(6-28)时应使用 $\rho_{\text{u,haz}}$ 计算

有效厚度;当采用式(6-29)时应使用 ρ_{haz} 计算有效厚度;

η_2——压弯构件受拉侧的修正系数,T6类铝合金取1.15,非T6类铝合金1.25。

修正系数 η_1 和 η_2 值与构件长细比、合金种类、截面形式、受弯方向和荷载偏心率等参数有关。针对上述各种参数进行大量数值计算,并将承载力极限值的理论计算结果代入式(6-24)和式(6-27),可以得到一系列 η_1 和 η_2 值。分析表明,η_1 和 η_2 值与铝合金的材料类型关系较大,根据T6类铝合金和非T6类铝合金对 η_1 和 η_2 分别取值较为合适。

国内研究者针对两端弯矩相等的压弯构件的面内稳定性进行了相关试验,试件截面包括双轴对称H形截面以及双轴对称方管截面;针对两端弯矩不相等的压弯构件的面内稳定性也进行了相关试验,试件截面为双轴对称H形截面。图6-4为采用我国标准公式(式(6-24))的结果、数值计算结果、采用欧洲标准公式的结果的比较情况。可见我国标准公式是偏于安全的。图6-5为试验结果与我国标准公式计算结果的比较情况,可见两者吻合较好。

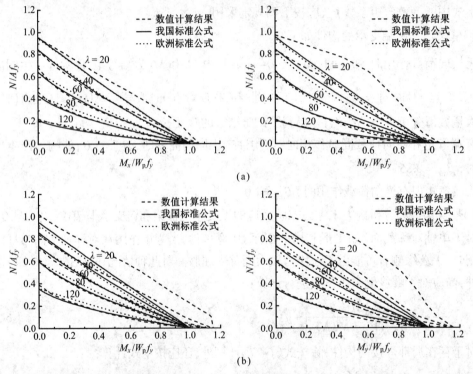

图6-4　压弯构件轴力－弯矩相关关系我国标准公式结果与数值计算结果和欧洲标准公式结果的对比
(x 为强轴,y 为弱轴)
(a)T6类铝合金　(b)非T6类铝合金

2. 弯矩作用平面外的稳定性计算

双轴对称截面(如工字形截面和箱形截面)的压弯构件,当弯矩作用在最大刚度平面内时,还应校核其弯矩作用平面外的稳定性。

弯矩作用平面外的屈曲包括绕 y 轴的弯曲屈曲与绕 z 轴的扭转屈曲两部分。

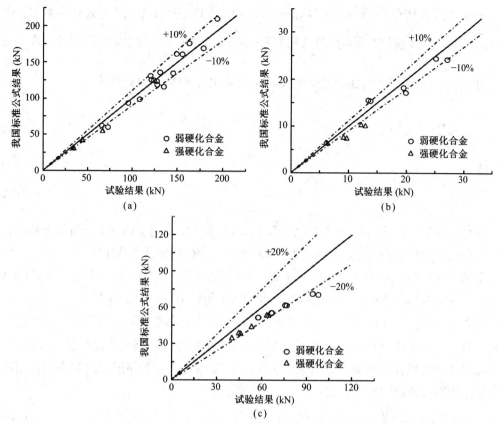

图 6-5　单向压弯构件面内失稳试验结果与我国标准公式结果的对比
（a）等端弯矩 H 形截面构件　（b）等端弯矩方管构件　（c）不等端弯矩构件

根据经典弹性理论,偏心距为 e 的双轴对称截面两端铰接偏心压杆,其平面外弯扭失稳的临界力计算式为

$$\left(N_{Ey}-N\right)\left(N_z-N\right)-N^2\left(\frac{e}{i_0}\right)^2=0 \tag{6-30}$$

式中: N_{Ey} ——轴压构件绕 y 轴弯曲屈曲临界力, $N_{Ey}=\dfrac{\pi^2EI_y}{l^2}$;

N_z ——轴压构件绕 z 轴扭曲屈曲临界力, $N_z=\left(\dfrac{\pi^2EI_w}{l^2}+GI_t\right)\dfrac{1}{i_0^2}$,其中 I_t 为截面的抗扭惯性矩, I_w 为截面的翘曲惯性矩;

i_0 ——截面的极回转半径, $i_0^2=\dfrac{I_x+I_y}{A}$ 。

若设端弯矩 $M_x=Ne$ 保持定值,则在 e 无限增大的同时, N 趋近于零。此时,由式(6-30)可得到双轴对称截面纯弯简支梁的临界弯矩,表达式为

$$M_{crx}=\sqrt{i_0^{\,2}N_{Ey}N_z} \tag{6-31}$$

由此,式(6-30)可改写为

$$\left(1-\frac{N}{N_{Ey}}\right)\left(1-\frac{N}{N_{Ey}}\frac{N_{Ey}}{N_z}\right)-\left(\frac{M_x}{M_{crx}}\right)^2=0 \tag{6-32}$$

式（6-32）即为用于计算双轴对称截面压弯构件在弯矩作用平面外稳定性的方程。由式（6-32）可知，$\frac{N_z}{N_{Ey}}$ 值越大，压弯构件弯扭屈曲的承载能力越高。对于常用的双轴对称工字形截面，其 $\frac{N_z}{N_{Ey}}$ 总是大于 1.0，如偏安全地取 $\frac{N_z}{N_{Ey}}$ =1.0，则式（6-32）可化简为

$$\left(\frac{M_x}{M_{crx}}\right)^2 = \left(1-\frac{N}{N_{Ey}}\right)^2 \tag{6-33}$$

或

$$\frac{N}{N_{Ey}}+\frac{M_x}{M_{crx}}=1 \tag{6-34}$$

由弹性稳定理论导出的线性相关公式（6-34）是偏于安全的。将理论分析结果和试验结果进行对比分析后表明，此式同样适用于弹塑性压弯构件的平面外弯扭屈曲计算。然而，目前对单轴对称截面压弯构件弯矩作用平面外稳定性的研究还不充分。因此，暂定式（6-34）仅适用于双轴对称实腹式工字形（含 H 形）和箱形（闭口）截面的压弯构件。

将 $N_{Ey}=\varphi_y f_{0.2}A$，$M_{crx}=\varphi_b f_{0.2}W_{1ex}$ 代入式（6-34），并引入考虑非均匀弯矩作用时的等效弯矩系数 β_{tx}、箱形截面的修正系数 η 以及抗力分项系数后，即得到《铝结构技术标准（征求意见稿）》中规定的用于计算双轴对称实腹式工字形（含 H 形）和箱形（闭口）截面压弯构件在弯矩作用平面外稳定性的公式：

$$\frac{N}{\varphi_y A_e}+\eta\frac{\beta_{tx}M_x}{\varphi_b W_{1ex}}\le f \tag{6-35}$$

对于存在局部焊接的构件，除应按式（6-34）计算外，还应按下式计算：

$$\frac{N}{\varphi_{y,haz}A_{u,e}}+\eta\frac{\beta_{tx}M_x}{\varphi_{b,haz}W_{u,1ex}}\le f_{u,d} \tag{6-36}$$

当连续的局部焊接热影响区范围沿构件长度方向的尺寸超过截面最小尺寸时，还应按下式补充验算：

$$\frac{N}{\varphi_{y,haz}A_{u,e}}+\eta\frac{\beta_{tx}M_x}{\varphi_{b,haz}W_{u,1ex}}\le f \tag{6-37}$$

式中：φ_y——弯矩作用平面外的轴心受压构件的稳定系数；

$\varphi_{y,haz}$——弯矩作用平面外的轴心受压局部焊接构件稳定系数；

φ_b——受弯构件的稳定系数，闭口截面时 φ_b =1.0；

$\varphi_{b,haz}$——受弯局部焊接构件的稳定系数，闭口截面时 $\varphi_{b,haz}$ =1.0；

M_x——所计算构件段范围内的最大弯矩；

W_{1ex}——在弯矩作用平面内对较大受压纤维的有效截面模量，应同时考虑局部屈曲和通长焊接的影响；

$W_{u,1ex}$——在弯矩作用平面内对较大受压纤维的有效焊接截面模量，应同时考虑局部焊接及其所在截面处可能存在的局部屈曲和通长焊接的影响；

η——截面修正系数，闭口截面为 0.7，开口截面为 1.0；

β_{tx}——等效弯矩系数。

式（6-37）中的等效弯矩系数 β_{tx} 应按下列规定采用。

1）框架柱和两端支承构件的等效弯矩系数如下。

无横向荷载作用时，$\beta_{tx} = 0.65 + 0.35 \dfrac{M_2}{M_1}$。其中，$M_1$ 和 M_2 为端弯矩，二者使构件产生同向曲率（无反弯点）时取同号；使构件产生反向曲率（有反弯点）时取异号。二者关系为 $|M_1| \geqslant |M_2|$，这是研究者通过大量数值分析得出的结论，并得到了试验结果的验证。

在端弯矩和横向荷载同时作用条件下，使构件产生同向曲率时，$\beta_{tx} = 1.0$；使构件产生反向曲率时，$\beta_{tx} = 0.85$。

无端弯矩但有横向荷载作用时，$\beta_{tx} = 1.0$。

2）弯矩作用平面外为悬臂的构件的等级弯矩系数 $\beta_{tx} = 1.0$。

我国研究者针对等端弯矩压弯构件的面外稳定性进行了相关试验，试件截面包括双轴对称 H 形截面以及双轴对称扁管截面；针对不等端弯矩压弯构件的面外稳定性也进行了相关试验，试件截面包括双轴对称 H 形截面以及双轴对称扁管截面。图 6-6 为试验所得稳定承载力与我国标准公式计算结果的比较情况，可见我国标准公式是偏于安全的。

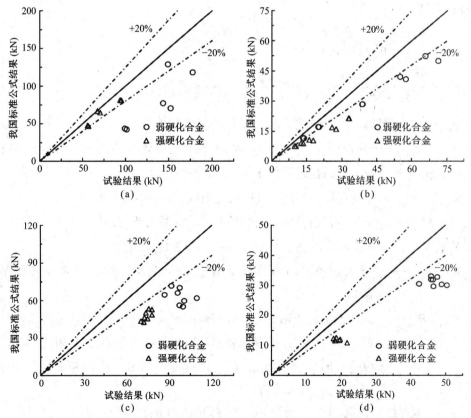

图 6-6　单向压弯构件面外失稳试验结果与我国标准公式结果的对比

（a）等端弯矩 H 形截面构件　（b）等端弯矩方管构件　（c）不等端弯矩 H 形截面构件　（d）不等端弯矩方管构件

3. 双向弯曲压弯构件的整体稳定性

对于双向弯曲的压弯构件,其稳定承载力极限值的计算较为复杂,一般仅考虑双轴对称截面的情况。目前采用的半经验性质的线性相关公式的形式简单,可使双向弯曲压弯构件的稳定性计算与轴心受压构件、单向弯曲压弯构件以及双向弯曲受弯构件的稳定性计算都能互相衔接。

$$\frac{N}{\varphi_x A_e} + \frac{\beta_{mx} M_x}{\gamma_x W_{ex}\left(1-\eta_1 N/N'_{Ex}\right)} + \eta\frac{\beta_{ty} M_y}{\varphi_{by} W_{ey}} \leq f \tag{6-38}$$

$$\frac{N}{\varphi_y A_e} + \eta\frac{\beta_{tx} M_x}{\varphi_{bx} W_{ex}} + \frac{\beta_{my} M_y}{\gamma_y W_{ey}\left(1-\eta_1 N/N'_{Ey}\right)} \leq f \tag{6-39}$$

对于存在局部焊接的构件,除应按式(6-38)和式(6-39)计算外,还应按下列公式计算:

$$\frac{N}{\varphi_{x,haz} A_e} + \frac{\beta_{mx} M_x}{W_{u,ex}\left(1-\eta_1 N/N'_{Ex}\right)} + \eta\frac{\beta_{ty} M_y}{\varphi_{by,haz} W_{u,ey}} \leq f_{u,d} \tag{6-40}$$

$$\frac{N}{\varphi_{y,haz} A_e} + \eta\frac{\beta_{tx} M_x}{\varphi_{bx,haz} W_{u,ex}} + \frac{\beta_{my} M_y}{W_{u,ey}\left(1-\eta_1 N/N'_{Ey}\right)} \leq f_{u,d} \tag{6-41}$$

当连续的局部焊接热影响区范围沿构件长度方向的尺寸超过截面最小尺寸时,还应按下式补充验算:

$$\frac{N}{\varphi_{x,haz} A_e} + \frac{\beta_{mx} M_x}{W_{u,ex}\left(1-\eta_1 N/N'_{Ex}\right)} + \eta\frac{\beta_{ty} M_y}{\varphi_{by,haz} W_{u,ey}} \leq f \tag{6-42}$$

$$\frac{N}{\varphi_{y,haz} A_e} + \eta\frac{\beta_{tx} M_x}{\varphi_{bx,haz} W_{u,ex}} + \frac{\beta_{my} M_y}{W_{u,ey}\left(1-\eta_1 N/N'_{Ey}\right)} \leq f \tag{6-43}$$

式中:φ_x、φ_y——强轴(x轴)和弱轴(y轴)的轴心受压构件的稳定系数;

$\varphi_{x,haz}$、$\varphi_{y,haz}$——强轴(x轴)和弱轴(y轴)的轴心受压局部焊接构件的稳定系数;

φ_{bx}、φ_{by}——受弯构件的稳定系数,闭口截面时均取1.0;

$\varphi_{bx,haz}$、$\varphi_{by,haz}$——受弯局部焊接构件的稳定系数,闭口截面时为1.0;

M_x、M_y——所计算构件段范围内对强轴和弱轴的最大弯矩;

N'_{Ex}、N'_{Ey}——参数,$N'_{Ex}=\pi^2 EA/(1.2\lambda_x^2)$,$N'_{Ey}=\pi^2 EA/(1.2\lambda_y^2)$;

W_{ex}、W_{ey}——对强轴和弱轴的有效截面模量,应同时考虑局部屈曲和通长焊接的影响;

$W_{u,ex}$、$W_{u,ey}$——截面强轴和弱轴的有效焊接截面模量,应同时考虑局部焊接及其所在截面处可能存在的局部屈曲和通长焊接的影响,当采用式(6-38)和式(6-39)时应使用$\rho_{u,haz}$计算有效厚度,当采用式(6-40)和式(6-41)时应使用ρ_{haz}计算有效厚度;

η——截面修正系数,闭口截面为0.7,开口截面为1.0;

η_1——材料修正系数,T6类铝合金取0.75,非T6类铝合金取0.9;

β_{mx}、β_{my}——弯矩作用平面内等效弯矩系数;

β_{tx}、β_{ty}——弯矩作用平面外等效弯矩系数。

　　我国研究者针对双向弯曲铝合金压弯构件的稳定性做了相关试验,考虑了双轴对称 H 形截面试件以及双轴对称扁管试件。图 6-7 为相关试验所得稳定承载力与使用我国标准公式的计算结果的比较情况,结果表明我国标准公式是偏于安全的。

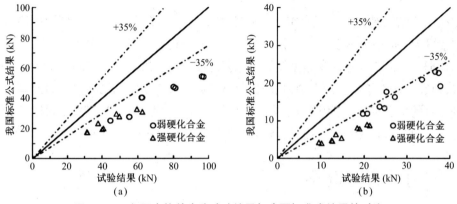

图 6-7　双向压弯构件失稳试验结果与我国标准式结果的对比

（a）H 形截面　（b）扁管

第 7 章　铝合金空间网格结构设计

空间网格结构是按一定规律布置的杆件通过节点连接而构成的空间受力结构,常见的形式包括网架、曲面型网壳、立体桁架等。空间网格结构不仅可以跨越较大距离、受力合理,还可以根据实际需要满足建筑造型及设备工艺的要求。尽管我国对空间网格结构的研究起步较晚,但经过几十年的快速发展,我国目前已经成为世界上空间结构方面的大国。铝合金由于其独有的特点,在与空间网格结构相结合的过程中逐渐发挥出优势,受到越来越多的关注与青睐。因此,确定铝合金空间网格结构设计与计算方法十分有必要。

7.1　结构形式与选型

铝合金空间网格结构的网格形式与钢空间网格结构的网格形式基本类似,可采用平面网架结构体系或网壳结构体系。铝合金网架结构主要有交叉桁架体系、四角锥体系和三角锥体系,每种体系又有多种形式,共 13 种。铝合金网壳结构主要以单层网壳为主,网格形式与钢单层网壳结构的网格形式类似。目前,在我国已建和在建的铝合金空间网格结构中,网架主要采用螺栓球节点网架结构,单层网壳主要采用板式节点网壳结构,双层网壳则主要采用弗伦迪尔小跨度双层网壳结构。

结构的选型应结合建筑平面形状、跨度大小、支承情况、荷载条件、屋面构造与建筑功能等要求综合分析确定。杆件布置及支承情况应保证结构体系几何条件不变。

在进行铝合金空间网架结构的结构选型时,网架高度、网格尺寸、网架高跨比、网格数量的选取可参照《铝合金空间网格结构技术规程》(T/CECS 634—2019)中的相关规定。网架结构可选用下列网格形式。

1)由交叉桁架体系组成的两向正交正放网架、两向正交斜放网架、两向斜交斜放网架、三向网架。

2)由四角锥体系组成的正放四角锥网架、正放抽空四角锥网架、棋盘形四角锥网架、斜放四角锥网架、星形四角锥网架。

3)由三角锥体系组成的三角锥网架、抽空三角锥网架、蜂窝形三角锥网架。

对于平面形状为矩形的周边支承网架,当其边长比(即长边与短边之比)小于或等于1.5 时,宜选用正放四角锥网架、斜放四角锥网架、棋盘形四角锥网架、正放抽空四角锥网架、两向正交斜放网架、两向正交正放网架;当其边长比大于 1.5 时,宜选用两向正交正放网架、正放四角锥网架或正放抽空四角锥网架。网架的厚度与网格尺寸应根据跨度大小、荷载条件、柱网尺寸、支承情况、网格形式、构造要求和建筑功能等因素确定;网架的厚跨比可取1/10~1/18。在短向跨度方向,网架的网格数不宜小于 5。确定网格尺寸时,宜使相邻杆件间的夹角大于 45°,且不宜小于 30°。

网壳结构可采用球面、圆柱面、双曲抛物面、椭圆抛物面等曲面形式,也可采用各种组合曲面形式。

网壳可选用下列网格形式。

1)单层圆柱面网壳可采用单向斜杆正交正放网格、交叉斜杆正交正放网格、联方网格及三向网格等形式。对于两端边支承的单层圆柱面网壳,其跨度不宜大于 35 m;对于沿两纵向边支承的单层圆柱面网壳,其跨度不宜大于 30 m。

2)单层球面网壳可采用肋环型、肋环斜杆型、三向网格、扇形三向网格、联方形三向网格、短程线型等形式。单层球面网壳的跨度(平面直径)不宜大于 80 m。

3)单层双曲抛物面网壳宜采用三向网格,其中两个方向杆件沿直纹布置;也可采用两向正交网格,杆件沿主曲率方向布置,局部区域可加设斜杆。单层双曲抛物面网壳的跨度不宜大于 60 m。

4)单层椭圆抛物面网壳可采用三向网格、单向斜杆正交正放网格、椭圆底面网格等形式。单层椭圆抛物面网壳的跨度不宜大于 50 m。

5)双层网壳可由两向、三向交叉的桁架体系或由四角锥体系、三角锥体系等组成,其上、下弦网格可根据《铝合金空间网格结构技术规程》(T/CECS 634—2019)第 3.2.4 条的方式布置。

7.2　荷载效应与组合

1. 永久荷载

作用在网格结构上的永久荷载(恒荷载)主要包括以下几种。

1)网架杆件和节点的自重。网架杆件大多采用铝合金,它的自重一般可通过计算机自动计算。网架节点的自重一般占网架杆件自重的 20%~25%。如果网架节点的形式已经确定,可根据具体的节点规格计算其节点自重。

2)楼面或屋面覆盖材料的自重。可根据实际使用材料的情况查《建筑结构荷载规范》(GB 50009—2012)进行确定。

3)吊顶材料的自重。

4)设备管道、马道等的自重。

2. 可变荷载

作用在网格结构上的可变荷载包括屋面活荷载、雪荷载(雪荷载与屋面活荷载不同时考虑,取两者的较大值)、积灰荷载、吊车荷载(工业建筑有吊车时考虑)。上述可变荷载可参考《建筑结构荷载规范》(GB 50009—2012)的有关规定确定。

另外,进行铝合金空间网格结构设计时,应考虑风荷载的静力和动力效应。对铝合金空间网格结构进行风静力效应分析时,风荷载体型系数应按《建筑结构荷载规范》(GB 50009—2012)取值。对于体型复杂且无相关资料参考的铝合金空间网格结构,其风载体型系数宜通过风洞试验或专门研究确定。对于基本自振周期大于 0.25 s 的铝合金空间网格结构,宜通过风振响应分析确定风动力效应的影响。

3. 温度作用

温度作用是指由于温度变化,使结构杆件产生附加温度应力。温度作用必须在计算和构造措施中加以考虑。对于超静定结构,在均匀温度场变化下,由于杆件不能自由热胀冷缩,杆件会产生应力,这种应力称为结构的温度应力。温度场变化范围是指施工安装完毕时,气温与当地常年最高或最低气温之差。为减小温度作用,施工阶段应选择合理的合拢时间或支座固定的时间。另外,工厂车间生产过程中也会引起温度场变化,这可由工艺提出。

目前,温度应力的计算可采用空间杆系有限元法的精确计算方法,对于网架结构也可把网架简化为平板或夹层结构进行近似分析。

4. 地震作用

对于用作屋盖的铝合金网架结构,其抗震验算应符合下列规定。

1)在抗震设防烈度为 8 度的地区,对于周边支承的中小跨度网架结构,应进行竖向抗震验算,对于其他网架结构均应进行竖向和水平抗震验算。

2)在抗震设防烈度为 9 度的地区,对于各种网架结构均应进行竖向和水平抗震验算。

3)在抗震分析时,应采用主体结构与网架结构协同工作分析与网架单独工作分析两种方法,合理地确定地震作用。

对于铝合金网壳结构,其抗震验算应符合下列规定。

1)在抗震设防烈度为 7 度的地区,当网壳结构的矢跨比大于或等于 1/5 时,应进行水平抗震验算;当矢跨比小于 1/5 时,应进行竖向和水平抗震验算。

2)在抗震设防烈度为 8 度或 9 度的地区,对各种网壳结构均应进行竖向和水平抗震验算。

对铝合金空间网格结构进行多遇地震作用下的效应计算时,可采用振型分解反应谱法;对于体型复杂或重要的大跨度铝合金空间网格结构,应采用时程分析法进行补充计算。

采用时程分析法时,当取三组加速度时程曲线输入时,计算结果宜取时程分析结果的包络值和振型分解反应谱法的较大值;当取七组和七组以上的时程曲线时,计算结果可取时程分析结果的平均值和振型分解反应谱法的较大值。加速度曲线峰值应根据与抗震设防烈度相应的多遇地震的加速度时程曲线最大值进行调整,并应选择足够长的地震动持续时间。

振型个数一般可以取累积振型参与质量达到总质量的 90% 所需的振型数。

在进行抗震分析时,应考虑支承体系对空间网格结构受力的影响。此时,宜将空间网格结构与支承体系共同考虑,按整体分析模型进行计算;亦可把支承体系简化为空间网格结构的弹性支座,按弹性支承模型进行计算。

在进行结构地震效应分析时,铝合金空间网格结构的阻尼比值可取 0.02。

对于体型复杂或较大跨度的铝合金空间网格结构,宜进行多维地震作用下的效应分析。进行多维地震效应计算时,可采用多维随机振动分析方法、多维反应谱法或时程分析法。

5. 荷载组合

采用以概率理论为基础的极限状态设计方法,用分项系数设计表达式进行计算。

在铝合金空间网格结构设计文件中,应注明建筑结构的安全等级、设计使用年限、铝合金材料牌号及供货状态、连接材料的型号及其他附加保证项目。一般工业与民用建筑的铝结构的安全等级应为二级,其他特殊建筑的铝合金空间网格结构的安全等级应根据具体情况另行确定。建筑物中,各类结构构件的安全等级宜与整个结构的安全等级相同。对其中部分结构构件的安全等级可进行调整,但不得低于三级。

对于铝合金空间网格结构,应按承载能力极限状态和正常使用极限状态进行设计。

1)承载能力极限状态:构件和连接的强度破坏和因过度变形而不适于继续承载,结构和构件丧失稳定,结构转变为机动体系或结构倾覆。

2)正常使用极限状态:影响结构、构件和非结构构件正常使用或外观的变形,影响正常使用的振动,影响正常使用或耐久性能的局部损坏。

按承载能力极限状态设计铝合金空间网格结构时,应考虑荷载效应的基本组合,必要时还应考虑荷载效应的偶然组合。按正常使用极限状态设计铝合金空间网格结构时,应根据不同的设计要求,采用荷载的标准组合、频遇组合或准永久组合。建筑结构的荷载应按现行国家标准《建筑结构荷载规范》(GB 50009—2012)取值。

铝合金空间网格结构荷载的标准值、荷载分项系数、荷载组合值系数等应按现行国家标准《建筑结构荷载规范》(GB 50009—2012)的规定采用。结构的重要性系数 γ_0 应按现行国家标准《建筑结构可靠性设计统一标准》(GB 50068—2018)的规定采用,其中对设计年限为 25 年的结构构件,γ_0 不应小于 0.95。

7.3　内力与位移分析

1. 一般计算原则

铝合金空间结构的计算模型应根据结构形式、支座节点构造及支承结构的刚度等情况,确定合理的边界约束条件和计算模型。

在设计铝合金空间网格结构时,应进行重力荷载、地震、温度变化及风荷载作用下的位移、内力计算,并应根据具体情况,对支座沉降、施工安装及检修荷载等作用下的位移、内力进行计算。在位移验算中,应按作用标准组合的效应计算结构的挠度。铝合金空间网格结构的整体稳定性计算应考虑结构非线性的影响。

铝合金空间网格结构的外荷载可按静力等效原则将网格区域内的荷载集中作用在该网格周围节点上。当杆件上作用有局部荷载时,应另行考虑局部弯曲内力的影响。

铝合金空间网格结构宜按要求进行防连续倒塌的概念设计,重要结构宜按要求进行防连续倒塌计算。

2. 静力计算

按有限元法进行铝合金空间网格结构静力计算时,可采用以下公式:

$$KU = F \tag{7-1}$$

式中:K——铝合金空间网格结构的总弹性刚度矩阵;

U——铝合金空间网格结构的节点位移向量;

F——铝合金空间网格结构的节点荷载向量。

铝合金空间网格结构设计完成后,杆件不宜替换,如必须替换时,应根据杆件截面面积及刚度等效的原则进行,否则应重新进行结构计算及受影响构件的承载力验算。

当温度变形较大时,平板型支座节点宜采取允许铝合金空间网格结构沿水平方向移动的构造。

3. 稳定性计算

对于平面网架结构,可不进行整体稳定性分析;对单层网壳结构或厚跨比小于1/50的双层网壳结构,应进行整体稳定性分析。

在进行网壳结构稳定性分析时,可假定材料为弹性,考虑几何非线性,采用有限元法进行分析。

进行网壳结构的整体稳定性分析时,应考虑初始几何缺陷。几何缺陷的模式可根据一致模态法确定,缺陷最大幅值可取最小跨度的1/300。

同时考虑几何非线性和材料非线性时,铝合金单层网壳结构的稳定系数应大于2.4。

进行铝合金单层网壳结构的整体稳定性分析时,宜考虑连接节点刚度的影响,单层网壳结构的每根杆件宜划分为多个非线性空间梁单元。

4. 挠度允许值

铝合金空间网格结构在恒荷载与活荷载标准值作用下的最大挠度值不宜超过表 7-1 中的容许挠度值。

表 7-1　铝合金空间网格结构的容许挠度值

结构体系	屋盖结构(短向跨度)	悬挑结构(悬挑跨度)
网架	1/250	1/125
单层网壳	1/400	1/125
双层网壳 立体桁架	1/250	1/125

注:对于设有悬挂起重设备的屋盖结构,其最大挠度值不宜大于结构跨度的1/400;网架与立体桁架可预先起拱,其起拱值可取不大于短向跨度的1/300。

7.4　杆件设计

杆件应按第 4 章至第 6 章内容进行强度和稳定性设计。

网架和网壳杆件的计算长度应按表 7-2 的规定取值。

表 7-2　网架和网壳杆件计算长度

结构体系	杆件形式	节点形式		
		螺栓球	板式	毂式
网架	弦杆及支座腹杆	1.0 l	1.0 l	1.0 l
	腹杆			
双层网壳	弦杆及支座腹杆			
	腹杆			
单层网壳	壳体曲面内	—	1.0 l	1.0 l
	壳体曲面外		1.6 l	1.6 l
立体桁架	弦杆及支座腹杆	1.0 l	—	—
	腹杆			

注：l 为杆件几何长度（节点中心间距离）。

杆件的长细比在满足表 4-7、表 4-8、表 6-1、表 6-2 的基础上，根据《铝合金空间网格结构技术规程》（ T/CECS 634—2019 ）中相关规定，不宜超过表 7-3 中规定的数值。

表 7-3　杆件的容许长细比

结构体系	杆件形式	杆件受拉	杆件受压	杆件受压与压弯	杆件受拉与拉弯
网架	一般杆件	300	150	—	—
立体桁架 双层网壳	支座附近杆件	250			
单层网壳	一般杆件	—	—	150	250

注：①桁架（包括空间桁架）的受压腹杆，当其内力等于或小于承载能力的 50% 时，容许长细比值可取 200；
　　②对于跨度等于或大于 60 m 的桁架，其受压弦杆和端压杆的容许长细比宜取 100，当承受静力荷载或间接动力荷载时，其他受压腹杆的容许长细比可取 150，其受拉弦杆和腹杆的长细比不宜超过 300；
　　③受拉构件在恒荷载与风荷载组合下受压时，其长细比不宜超过 250。

铝合金空间网格结构杆件分布应保证结构整体刚度的连续性，受力方向相同的相邻弦杆的截面面积之比不宜超过 1.8，多点支承的网架结构其反弯点处的上、下弦杆宜按照构造要求加大截面面积。

对于低应力、小规格的受拉杆件其长细比宜按受压杆件控制。在杆件与节点构造设计时，应考虑便于检查与清刷，避免易于积留湿气与灰尘的死角与凹槽。

7.5 节点设计

本节就目前空间网格结构中最常用的板式节点、螺栓球节点及毂节点设计方法进行介绍。

1. 板式节点

（1）节点形式

板式节点（图7-1）应由工字形或箱形杆件和上下两块节点板通过紧固件（如螺栓、环槽铆钉等）紧密连接而成。进行板式节点设计时,宜采用有限元分析法验证连接节点的安全性及有效性。条件允许时,宜进行试验验证。

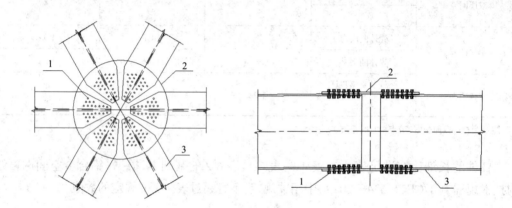

图7-1 板式节点

1—紧固件;2—节点板;3—铝合金型材

板式节点构成的体系宜采用铝合金主结构与围护系统一体化构造。板式节点一体化围护材料可采用铝板、玻璃等（图7-2）。

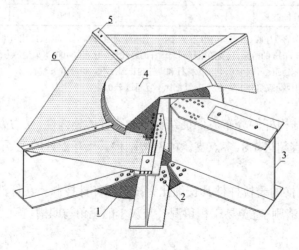

（a）

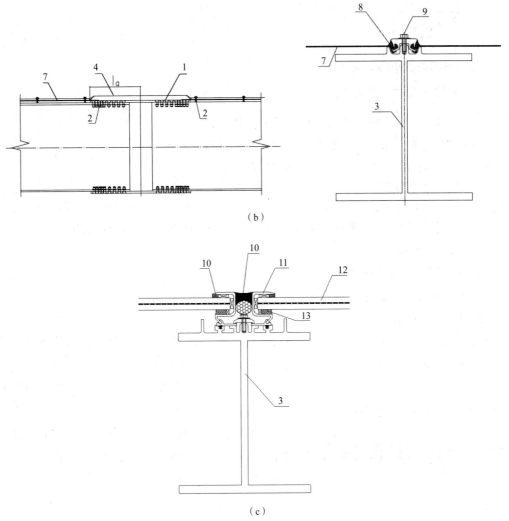

（b）

（c）

图 7-2　板式节点一体化围护系统节点

（a）一体化围护系统三维图　（b）铝板节点系统　（c）玻璃节点系统

1—节点板；2—紧固件；3—铝合金型材；4—节点盖板；5—铝合金压板；
6—屋面铝板／玻璃；7—屋面板；8—橡胶条；9—螺栓；10—硅酮密封胶；
11—铝合金副框；12—玻璃；13—硅酮结构胶

（2）构造要求

1）铝合金节点板的最小厚度不应小于 8 mm，且不应小于杆件翼缘的厚度。

2）节点板的最小端部搭接长度应符合表 7-4 的规定。

表 7-4　节点板的最小端部搭接长度（ mm ）

厚度 t	屋面板坡度 i	
	$i < \dfrac{1}{4}$	$i \geq \dfrac{1}{4}$
$t \leqslant 25$ mm	—	140
$t > 25$ mm	230	140

3）节点板螺栓孔的最小间距 x 应满足：

$$x \geqslant \frac{5.8n-1}{n+2}d_0 \qquad (7\text{-}2)$$

式中：x——螺栓孔的中心间距；

　　d_0——螺栓或铆钉的孔径；

　　n——杆件与节点板单连接区域上的螺栓孔个数。

不满足时，应进行节点板块状拉剪破坏承载力验算。

4）节点板中心域半径与厚度的比值应满足：

$$\frac{R_0}{t} \leqslant 17\sqrt{240\big/f_{0.2}} \qquad (7\text{-}3)$$

式中：R_0——节点板中心区域半径，即节点板中点到最内排连接螺栓孔中心距离；

　　t——节点板厚度；

　　$f_{0.2}$——铝合金材料的名义屈服强度。

不满足时应进行受压节点板中心区域屈曲承载力验算。

（3）拉剪强度计算

节点板与紧固件的承载力应通过计算或试验确定，试验时应防止节点板撕裂、翘曲。节点承受弯曲作用时的受力如图 7-3 所示，表达式为

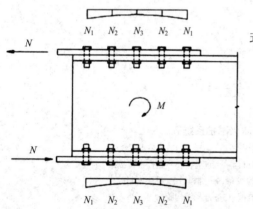

图 7-3　平面外弯矩作用下螺栓受剪示意图

$$M_u = P_u(h+t) \qquad (7\text{-}4)$$

$$P_u = k_1(f_v A_s + f_u A_t) \qquad (7\text{-}5)$$

式中：k_1——在杆件撬力作用下节点板局部受弯引起的承载力折减系数，由试验确定；

　　P_u——节点板块状拉剪承载力；

　　f_v——材料的抗剪强度；

　　f_u——材料的抗拉强度；

　　A_s——抗剪截面面积，$A_s = l_s t$；

　　A_t——抗拉截面面积，$A_t = l_t t$，其中 l_s 和 l_t 的取值与破坏路径有关。

节点板在受拉时发生的块状拉剪破坏（图 7-4）可按照单连接区块状拉剪破坏（图 7-5（a））双连接区块状拉剪破坏（图 7-5（b））三连接区块状拉剪破坏（图 7-5（c））三种破坏形式分析。

将式（7-5）稍做整理，并引入参数 γ，得：

$$P_u = k_1 t(f_v l_s + f_u l_t) = k_1 t f(\gamma_v l_s + \gamma_u l_t) = k_1 t f \sum \gamma_i l_i \qquad (7\text{-}6)$$

式中：γ_i——第 i 条破坏边的材料等效破坏强度系数。

等效破坏强度系数是破坏边上的正应力和剪应力在满足冯·米塞斯屈服条件的情况下其合力在破坏承载力方向的投影最大值与材料的极限抗拉强度的比值。

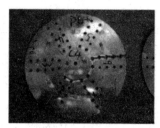

图 7-4　破坏模式

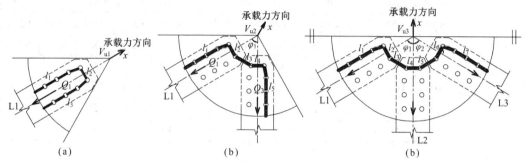

图 7-5　节点板块状拉剪破坏形式

（a）单连接区块状　（b）双连接区块状　（c）三连接区块状

根据相关试验研究成果,在杆件撬力作用下,节点板局部受弯引起的承载力折减系数 k_1 可取 0.5,则最终得到设计公式如下。

1)单连接区块状拉剪破坏:

$$V_1 = 0.5tf\sum_{i=1}^{3}\gamma_i l_i \geq Q_i \quad (\gamma_1 = \gamma_3 = 0.58,\ \gamma_2 = 1) \tag{7-7}$$

2)双连接区块状拉剪破坏:

$$V_2 = 0.5tf\sum_{i=1}^{5}\gamma_i l_i \geq (Q_1 + Q_2)\cos\frac{\varphi_1}{2} \tag{7-8}$$

3)三连接区块状拉剪破坏:

$$V_3 = 0.5tf\sum_{i=1}^{5}\gamma_i l_i \geq Q_1\cos\varphi_1 + Q_2 + Q_3\cos\varphi_2 \tag{7-9}$$

式中: V_1——单连接区块状拉剪破坏承载力设计值;

V_2——双连接区块状拉剪破坏承载力设计值;

V_3——三连接区块状拉剪破坏承载力设计值;

f——铝合金的屈服强度设计值;

γ_i——第 i 条破坏边的材料等效破坏强度系数,取值应符合表 7-5 的规定;

l_i——第 i 条破坏边的净长度;

Q_i——第 i 根杆件与节点板连接区所受螺栓群剪力;

φ_i——杆件间的夹角。

表 7-5　等效破坏强度系数 γ_i

连接区	γ_i	35°	40°	45°	50°	55°	60°	65°	70°	75°	80°	85°	90°
双连接区	γ_1	0.627	0.641	0.656	0.673	0.690	0.707	0.725	0.743	0.762	0.780	0.799	0.816
	γ_2	0.969	0.960	0.950	0.939	0.926	0.913	0.899	0.884	0.868	0.851	0.834	0.816
	γ_3	1.000	1.000	1.000	1.000	1.000	1.000	1.000	1.000	1.000	1.000	1.000	1.000
	γ_4	0.969	0.960	0.950	0.939	0.926	0.913	0.899	0.884	0.868	0.851	0.834	0.816
	γ_5	0.627	0.641	0.656	0.673	0.690	0.707	0.725	0.743	0.762	0.780	0.799	0.816
三连接区	γ_1	0.741	0.780	0.816	0.851	0.884	0.913	0.938	0.960	0.977	0.990	0.997	1.000
	γ_2	0.882	0.851	0.816	0.780	0.743	0.707	0.673	0.641	0.615	0.595	0.582	0.577
	γ_3	0.969	0.960	0.950	0.939	0.926	0.913	0.899	0.884	0.868	0.851	0.834	0.816
	γ_4	1.000	1.000	1.000	1.000	1.000	1.000	1.000	1.000	1.000	1.000	1.000	1.000
	γ_5	0.969	0.960	0.950	0.939	0.926	0.913	0.899	0.884	0.868	0.851	0.834	0.816
	γ_6	0.882	0.851	0.816	0.780	0.743	0.707	0.673	0.641	0.615	0.595	0.582	0.577
	γ_7	0.741	0.780	0.816	0.851	0.884	0.913	0.938	0.960	0.977	0.990	0.997	1.000

（4）中心局部屈曲计算

受压节点的中心局部屈曲承载力设计值应按下式计算：

$$V_{cr} = \frac{1.2Et^3}{R_0(1-v^2)} \tag{7-10}$$

式中：V_{cr}——中心局部屈曲承载力设计值；

　　　E——弹性模量；

　　　v——泊松比。

（5）节点刚度

弯矩作用下铝合金板式节点的变形分为四个阶段：螺栓嵌固阶段、螺栓滑移阶段、孔壁承压阶段和失效阶段，如图 7-6 所示。

各阶段节点抗弯承载力应根据有限元或试验研究得到；各阶段节点弯曲刚度的计算公式为

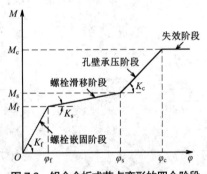

图 7-6　铝合金板式节点变形的四个阶段

$$\varphi = \begin{cases} \dfrac{M}{K_f} & (0 < M \le M_f) \\[2mm] \dfrac{M_f}{K_f} + \dfrac{M-M_f}{K_s} \ \ 或 \ \ \dfrac{M_f}{K_f} + \dfrac{4d_h}{h} & (M_f < M \le M_s) \\[2mm] \dfrac{M_f}{K_f} + \dfrac{M_s-M_f}{K_s} + \dfrac{M-M_s}{K_c} & (M_s < M \le M_c) \\[2mm] \infty & (M_c < M) \end{cases} \tag{7-11}$$

式中：K_f——嵌固刚度；

　　　M_f——滑移弯矩；

K_s——滑移刚度；

M_s——承压弯矩；

K_c——承压刚度；

M_c——抗弯承载力设计值；

h ——杆件的截面高度；

d_h——螺栓与螺栓孔的间隙。

2. 螺栓球节点

（1）节点形式

螺栓球节点（图 7-7）由铝合金球、不锈钢或镀锌高强度螺栓、套筒、封板及紧固螺钉组成。杆件及封板之间采用冷加工、压力成型的方式连接。可用于连接网架和双层网壳等空间网格结构的铝合金圆管杆件。改进型螺栓球节点（图 7-8）的滑槽位置由在不锈钢螺栓或镀锌高强度螺栓上改为在套筒上。

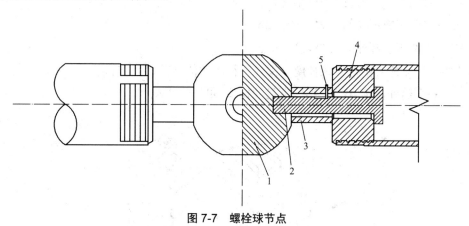

图 7-7　螺栓球节点

1—铝合金球；2—不锈钢螺栓或镀锌高强螺栓；3—套筒；4—封板；5—紧固螺钉

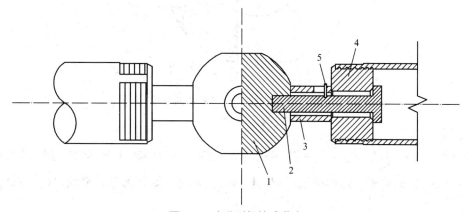

图 7-8　改进型螺栓球节点

1—铝合金球；2—不锈钢螺栓或镀锌高强螺栓；3—套筒；4—封板；5—紧固螺钉

（2）螺栓球尺寸

铝合金螺栓球直径应保证相邻螺栓在球体内不相碰,并应满足套筒接触面的要求,可分别按两种方法核算,并取计算结果中的较大者。当相邻杆件夹角 θ 较小时,还应根据相邻杆件及相关封板、锥头、套筒等零部件不相碰的要求核算螺栓球的直径。此时可通过检查可能相碰点至球心的连线与相邻杆件轴线间的夹角不大于 θ 的条件进行核算,如图7-9所示。

通过 $OE^2 = OC^2 + CE^2$; $OE = D/2$; $OC = (\lambda d_1^b / 2) \cot\theta + (\lambda d_s^b / 2) / \sin\theta$; $CE = \lambda d_1^b / 2$,即可导出 D 的最小值。两种计算螺栓球直径的表达式为

$$D \geqslant \sqrt{\left(\frac{d_s^b}{\sin\theta} + d_1^b \cot\theta + 2\xi d_1^b\right)^2 + \left(\lambda d_1^b\right)^2} \tag{7-12}$$

$$D \geqslant \sqrt{\left(\frac{\lambda d_s^b}{\sin\theta} + \lambda d_1^b \cot\theta\right)^2 + \left(\lambda d_1^b\right)^2} \tag{7-13}$$

式中: D——铝合金螺栓球的直径（mm）;

　　　 θ——两相邻螺栓之间的最小夹角（rad）;

　　　 d_1^b——两相邻螺栓的较大直径（mm）;

　　　 d_s^b——两相邻螺栓的较小直径（mm）;

　　　 ξ——螺栓拧入铝合金球长度与螺栓直径的比值,应取为1.5;

　　　 λ——套筒外接圆直径与螺栓直径的比值,可取为1.8。

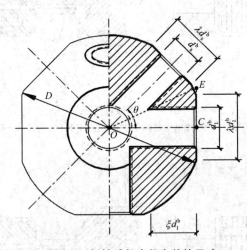

图7-9　螺栓球与直径有关的尺寸

（3）螺栓选择

不锈钢螺栓的形式与尺寸应符合《紧固件机械性能　不锈钢紧定螺钉》（GB/T 3098.16—2014）的要求。螺栓的直径应由杆件内力确定。螺栓的受拉承载力设计值 N_b^t 应按下式计算:

$$N_b^t = A_{eff} f_b^t \tag{7-14}$$

式中: f_b^t——螺栓的抗拉强度设计值,对于 A2-50 和 A4-50 等级的不锈钢螺栓,取

190 N/mm², 对于 A2-70 和 A4-70 等级的不锈钢螺栓, 取 295 N/mm², 对于 A2-80 和 A4-80 等级的不锈钢螺栓, 取 335 N/mm²;

A_{eff}——螺栓的有效截面面积, 当螺栓上钻有键槽或钻孔时, A_{eff} 值取螺纹处或键槽、钻孔处二者中的较小值。

高强度螺栓的性能等级应按 10.9 级选用, 形式与尺寸应符合《钢网架螺栓球节点用高强度螺栓》(GB/T 16939—2016)的要求。选用高强度螺栓的直径应由杆件内力确定, 高强度螺栓的受拉承载力设计值 N_t^b 应按表 7-6 取值。

表 7-6　常用高强螺栓的承载力设计值

性能等级	10.9 级									
螺纹规格 d	M12	M14	M16	M20	M22	M24	M27	M30	M33	M36
N_b^t(kN)	36.1	49.5	67.5	105.3	130.5	151.5	197.5	241.2	298.4	351.3

选取受压杆件的连接螺栓直径时, 可按其内力设计值绝对值求得螺栓直径计算值后, 按表 7-6 的螺栓规格系列减少 1~2 个级差。

紧固螺钉应采用不锈钢材料制成的, 其直径可取螺栓直径的 0.16~0.18 倍, 且不宜小于 3 mm。紧固螺钉规格可采用 M5~M10。

（4）套筒

套筒的作用是拧紧高强度螺栓, 承受钢管杆件传来的压力。

1）套筒(即六角形无纹螺母)外形尺寸应符合扳手开口系列, 端部要求平整, 内孔径可比螺栓直径大 1 mm。对于受压杆件的套筒, 应根据其传递的最大压力值验算其抗压承载力和端部有效截面的局部承压力。

$$N \leqslant A_n f \qquad\qquad (7\text{-}15)$$

式中: f——材料的抗压强度设计值;

N——杆件传来的轴心压力设计值;

A_n——套筒在紧固螺钉孔处的净截面面积。

2）对于开设滑槽的套筒应验算套筒端部到滑槽端部的距离, 应使该处有效截面的抗剪力不低于紧固螺钉的抗剪力, 且不小于 1.5 倍滑槽宽度。套筒长度 l_s(mm)和螺栓长度 l(mm)(图 7-10)可按下式计算:

$$l_s = m + B + n \qquad\qquad (7\text{-}16)$$

$$l = \xi D + l_s + h \qquad\qquad (7\text{-}17)$$

$$B = \xi D - K \qquad\qquad (7\text{-}18)$$

式中: B——滑槽长度(mm);

ξD——螺栓伸入铝合金球的长度(mm);

m——滑槽端部紧固螺钉中心到套筒端部的距离(mm);

n——滑槽顶部紧固螺钉中心至套筒顶部的距离(mm);

K——螺栓露出套筒的长度(mm), 预留 4~5 mm, 但不应少于 2 个丝扣;

h——锥头底板厚度或封板厚度(mm)。

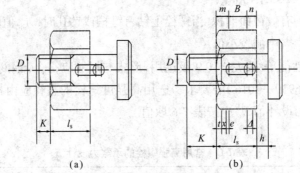

(a)　　　　　　　　　(b)

图7-10　套筒长度及螺栓长度

(a)拧入前　(b)拧入后

t—螺纹根部到滑槽附加余量,取2个丝扣;x—螺纹的收尾长度;e—紧固螺钉的半径;Δ—滑槽预留量,一般取4 mm

(5)锥头及封板

杆件端部应采用锥头或封板连接,采用焊接连接时,其连接焊缝的承载力应不低于连接管件强度的60%;采用挤压方式连接(图7-11)时,其连接部位的承载力应不低于连接管件强度的85%。锥头任何截面的承载力应不低于连接管件的强度,封板厚度应按实际受力大小计算确定,封板及锥头底板厚度不应小于表7-7中规定的数值。锥头底板外径宜大于套筒外接圆直径1~2 mm,锥头底板内平台直径宜大于螺栓头直径2 mm。锥头倾角应小于40°。

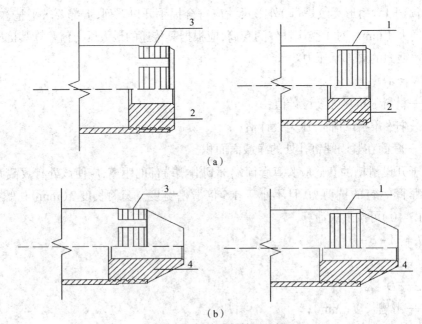

(a)

(b)

图7-11　杆件端部挤压连接

(a)封板连接　(b)锥头连接

1—未环压部位;2—封板;3—环压部位;4—锥头

表 7-7　封板及锥头底板厚度

螺纹规格	封板 / 锥头底厚（mm）	螺纹规格	封板 / 锥头底厚（mm）
M12、M14	12	M20~M24	16
M16	14	M27~M36	30

螺栓球节点中封板机械连接抗拉强度验算应符合下列规定。

1）当封板厚度较小时，铝管环压部位（图 7-12）可能发生拉剪组合破坏，所对应的受拉承载力设计值可按下式计算：

$$N_t^b = f_t A_{Et} + f_v A_v \qquad (7\text{-}19)$$

2）当封板厚度较大时，铝管环压部位与未环压部位可能发生受拉破坏，所对应的受拉承载力设计值可按下式计算：

$$N_t^b = f A_t \qquad (7\text{-}20)$$

式中：f——铝合金的抗拉强度设计值；

f_v——铝合金的抗剪强度设计值；

A_{Et}——铝管端部环压部位的截面面积；

A_v——铝管端部环压部位与未环压部位交界面处的剪切面面积；

A_t——铝管端部环压部位与未环压部位的总截面面积之和，$A_t = A_{Et} + A_{nEt}$。

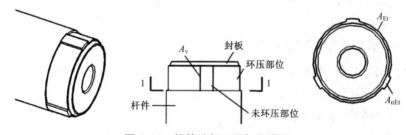

图 7-12　铝管端部环压部位详图

3. 毂式节点

（1）节点形式与构造要求

毂式节点（图 7-13）由柱体、杆件嵌入件、盖板、螺杆等零件组成。铝合金节点可根据插槽的类型和位置区分为多种规格，主要有 6、8 和 12 个插槽节点等类型。毂体嵌入槽以及与之配合的嵌入榫宜呈圆柱状。螺母和盖板之间可配套采用弹簧垫圈。与毂式节点相连的杆件端部压扁倾角不大于 55°。

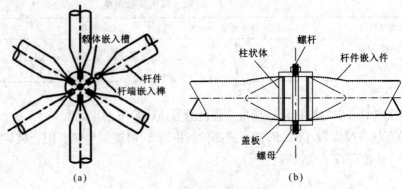

图7-13　毂式节点示意图

（a）节点平面示意图　（b）节点剖面示意图

（2）抗剪计算

铝管杆件端部通过冷加工成型,压扁后杆件端部区域材料的屈服强度提高,宜乘以强度系数h_{srain}。当铝管杆件作为主要受力构件时,h_{srain}可取1.1;当其作为围护支承等次要受力构件时,h_{srain}可取1.2。杆件管件的端部压扁后,杆件的截面面积减小,应乘以折减系数$R=0.72$。

节点凹槽处齿的抗剪承载力设计值应按下式计算:

$$T_{v,HubTeeth} = A_{shear}f_v \tag{7-21}$$

$$A_{shear} = r_{as}A_g / \cos\alpha \tag{7-22}$$

式中:A_{shear}——铝合金齿抗剪切面积;

　　　r_{as}——铝合金齿抗剪截面换算系数;

　　　α——杆件端部压扁倾角;

　　　f_v——材料的抗剪设计强度;

　　　A_g——圆管面积。

（3）局部承压

杆件压扁处局部受压承载力设计值应按下式计算:

$$C_{crip} = A_g F_{crip} \tag{7-23}$$

$$F_{crip} = K_{crip}f \tag{7-24}$$

式中:K_{crip}——屈曲强度折减系数(通过试验获得);

　　　f——杆件压扁部件抗压强度设计值。

当毂式节点应用于铝合金单层网壳结构中时,应经专家论证确保结构的安全性与可行性。

4. 支座节点

（1）节点形式及设计原则

对于支座为单向受力的铰接节点的铝合金空间网格结构,可选用板式支座节点,如图

7-14 和图 7-15 所示。双层杆件间应使用不锈钢螺栓连接,加强板与 H 形杆件的连接应使用不锈钢螺栓,钢柱与连接盘的连接应使用不锈钢螺栓,加强板、加劲肋与支座钢结构的连接应焊接。

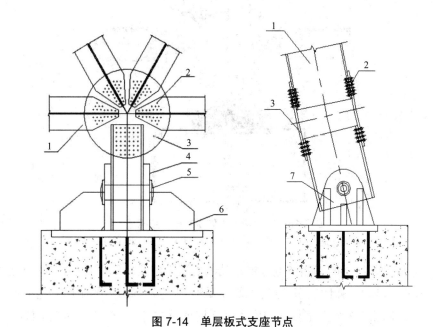

图 7-14　单层板式支座节点

1—铝合金型材;2—紧固件;3—节点盘;4—支座板;5—支座销轴;6—支座加肋板;7—支座

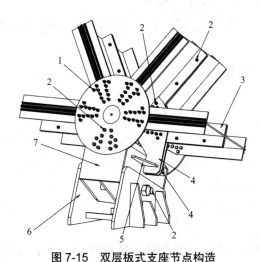

图 7-15　双层板式支座节点构造

1—抽芯铆钉;2—螺栓;3—杆件;4—加强板;5—加强筋;6—支座;7—钢柱

　　铝合金网壳支座节点宜采用钢螺栓球节点(图 7-16)。铝合金空间网格结构的支座节点必须具有足够的强度和刚度,在荷载作用下不应先于杆件和其他节点而破坏,也不得产生不可忽略的变形。支座节点构造形式应传力可靠、连接简单,并应符合计算假定。

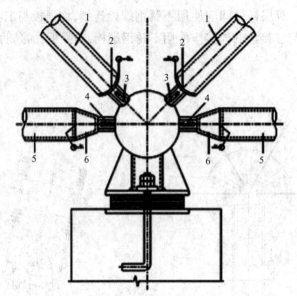

图 7-16　螺栓球节点体系支座节点构造

1—圆管腹杆；2—封板；3—销子；4—高强度螺栓及套筒；5—圆管弦杆；6—锥头

　　铝合金空间网格结构的支座节点应根据其主要受力特点，可选用压力支座节点、拉力支座节点、可滑移与转动的弹性支座节点，以及兼受轴力、弯矩和剪力的刚性支座节点，宜采用橡胶支座、球铰支座或弹簧支座释放相应水平方向的反力，减小对其下部支承体系的反力。支座形式和要求应满足《空间网格结构技术规程》（JGJ 7—2010）的规定。

　　支座节点的设计与构造应符合下列规定。

　　1）支座竖向支承板中心线应与竖向反力作用线一致，并与支座节点连接的杆件汇交于节点中心。

　　2）支座球节点底部至支座底板间的距离应满足支座斜腹杆与柱或边梁距离大于15 mm 的要求。

　　3）支座竖向支承板应保证其自由边不发生侧向屈曲，其厚度不宜小于 10 mm；对于拉力支座节点，支座竖向支承板的最小截面面积及连接焊缝应满足强度要求。

　　4）支座节点底板的净面积应满足支承结构材料的局部受压要求，其厚度应满足底板在支座竖向反力作用下的抗弯要求，且不宜小于 12 mm。

　　5）支座节点底板的锚孔孔径应比锚栓直径大 10 mm 以上，并应考虑适应支座节点水平位移的要求。

　　6）支座节点锚栓按构造要求设置时，其直径可取 20~25 mm，数量可取 2~4 个；受拉支座的锚栓应经计算确定，锚固长度不应小于 25 倍锚栓直径，并应设置双螺母。

　　7）当支座底板与基础面摩擦力小于支座底部的水平反力时，应设置抗剪键，不得利用锚栓传递剪力。

第8章 国内典型铝合金空间网格结构工程实例

8.1 平津战役纪念馆

平津战役纪念馆位于天津市红桥区,是一座全面介绍平津战役的现代化展馆。该工程由天津市建筑设计院负责设计,天津市七建公司施工,工程于1996年1月开工,1996年底土建工程完工,1997年4月开始进行布展。1997年8月1日,中央军委副主席张万年同志剪彩开馆。该馆的馆名聂荣臻元帅题写。

平津战役纪念馆是国内首个大跨度铝合金三角形网格单层网壳结构建筑,杆件通过板式节点连接,如图8-1所示。结构底平面直径为45.6 m,矢高为33.83 m,最大球面直径为48.945 m,网壳质量为34.4 t,连同铝合金屋面板的总质量为58.7 t。

图8-1 平津纪念馆的铝合金网壳结构

8.2 上海国际体操中心

上海国际体操中心坐落在上海市长宁区,于1997年建成。如图8-2所示,该中心的体操馆的建筑外形为扁球体,球体外立面镶以亚光银灰铝合金板,再配以与建筑物融为一体的蓝色环形窗带,表现"玉盘托明珠"之意,与东方明珠广播电视塔形成东西呼应。

图 8-2　上海国际体操中心

上海国际体操中心主馆的结构形式为单层扁球面网壳,网格划分形式为联方型。扁球体高 26.5 m,最宽处直径约为 77.30 m,坐落于离地 5.20 m 高、面积为 8 770 m² 的大平台上。该扁球体由铝合金穹顶屋盖和双曲面墙身组成,二者互不相关,穹顶平面直径为 68 m,曲率半径为 55.37 m,冠高为 11.88 m,穹顶高跨比为 0.175,支承在 24 根直径为 1 m 的钢筋混凝土柱子上。穹顶共有十二圈,每一圈内的斜向杆件及环向杆件尺寸分别相等。铝合金穹顶的结构型材为 6061-T6 铝合金,节点采用板式节点。

8.3　上海浦东游泳馆

上海浦东游泳馆位于上海市浦东新区浦东南路东方路口,建筑面积约为 2.2×10^4 m²,总高度为 29.88 m,它是上海市的一个大型游泳场所和水上运动训练基地。该工程由上海建筑设计研究院浦东分院设计,建于 1997 年 9 月。除提供水上运动场地外,浦东游泳馆还设置有供乒乓球、羽毛球、网球、篮球、舞蹈、健美操等运动的训练场地。

该游泳馆屋面呈贝壳流线型,整个网壳按结构形式分为两大块,左半部分为单层柱面网壳,投影面积约为 1 100 m²,屋面铺设 3003-H16 型铝合金板,不设保温层。右半部分为双层柱面网壳,矢高为 2.4 m,曲率半径为 100 m,南北方向尺寸为 54.0~58.0 m,最大高差为 13.929 m,东西向长度为 77.4 m(一边带圆弧形),投影面积约为 4 350 m²,标准单元体形状为正放四角锥,锥边长为 2.65 m,上、下弦均为工字形杆件,材料采用 6061-T6 铝合金,由圆柱形腹杆连接成整体,单元体之间通过板式节点实现联结,屋顶铝合金板下设有保温层。铝合金屋面总质量约为 120 t。

图 8-3　上海浦东游泳馆

8.4　北京航天实验研究中心零磁实验室

北京航天实验研究中心零磁实验室由中国建筑科学研究院承建,于 1998 年建成,内部为长 30 m、跨度 22 m、地面以上高度 13 m 的矩形空间。巨型磁力线圈被放置在实验室的地下部分,用于模拟地球磁场乃至星球磁场对航天器在发射过程中及太空飞行过程中的影响。零磁实验室的建造需采用无磁材料,而铝材料正具有无磁的特点,因此该实验室采用全铝空间结构。

北京航天实验研究中心零磁实验室是国内首个设计建造的全铝螺栓球节点网架结构,展开面积约为 1 858 m²,标准单元体形状为正放四角锥,材料为 6061-T6 铝合金。节点采用 4 种规格的螺栓球节点,共计 921 个;采用 2 种规格的 3 603 根铝合金圆管。杆件与封板的连接形式为焊接。限于早期研究工作的局限,铝合金网架杆件即使经高水平焊接处理,其极限抗拉强度损失仍高达 30%~40%,焊口处外观也较差。为重新获得较高的强度和理想的外观,对焊接成形后的铝合金网架杆件重新进行热处理与表面处理。网架结构构件材料用铝量为 8.56 kg/m²(按展开面积计算)。

8.5　南京国际展览中心南广场弧形玻璃幕墙

南京国际展览中心(图 8-4)坐落于南京市玄武湖、紫金山麓,具有造型优美、设施现代、体量宏伟、功能完备等特点,是古都南京的一座标志性建筑。该中心占地 12.6 × 10⁴ m²,总建筑面积为 10.8 × 10⁴ m²。

南京国际展览中心的南广场弧形玻璃幕墙弧于 2000 年竣工,采用铝合金网架结构,结构体系为四角锥体系网架,标准单元体形状为正放四角锥,网架长度为 38 m、高度为

14.5 m、厚度为 1.0 m，展开面积为 588.5 m²，材料采用 6061-T6 铝合金。网架两端分别挑出 4.5 m 和 2.325 m，由上、下两排各 5 个支座支撑。各支座点与主体结构通过钢结构相连。网架节点采用螺栓球节点，由于杆件之间的夹角很小，与钢结构连接的球节点的直径很大，为避免发生电化学腐蚀，支座节点采用不锈钢球节点。

图 8-4　南京国际展览中心（南广场视角）

8.6　上海科技馆

上海科技馆位于上海市浦东新区花木行政文化中心区。该馆的主馆占地面积超过 $6.8 \times 10^4 \, m^2$，建筑面积为 $9.8 \times 10^4 \, m^2$，于 1998 年 12 月动工，2001 年 3 月底基本建成。

上海科技馆中部大堂的巨型椭球体（图 8-5）采用 6061-T6 铝合金建造，结构形式为单层网壳，长轴为 67 m，短轴为 51 m，高为 41.6 m。网格划分形式为三向网格，考虑到建筑效果，采用横向划分。网壳结构的杆件的截面呈 H 形，共三种截面尺寸，截面高度均为 254 mm，共使用 3 300 余根。网壳结构的节点采用板式节点，圆形节点板的厚度为 9.5 mm、直径为 450 mm。

图 8-5　上海科技馆的巨型椭球体

8.7　上海植物园展览温室

上海植物园位于上海市徐汇区西南部,上海植物园展览温室是植物园内的标志性建筑,于 2001 年建成。它位于盆景园东侧,草药园西侧,为大空间多斜面的塔形建筑,高为 32 米,建筑面积为 5 000 m² 有效展示面积为 4 000 m²,居全国第二位。

上海植物园是国内选用新材料并自主设计施工的建筑,温室内的植物从热带地区移植而来,需要室内常年保持高温高湿环境,并保证拥有足够的自然采光面,因此本工程屋盖的结构形式采用四块斜放的双向正交的铝合金网架结构。网架斜放角度,与水平面夹角分别为 23°、43°,平面尺寸为 81 m×66 m,主屋面桁架最大跨度为 24 m,网架层高为 2 m,基本网格尺寸为 3 m×6 m。网架弦杆截面呈 H 形,受力较大,材料采用 6061-T6 铝合金;腹杆为管形截面,内力较小,材料采用 5083-H321 铝合金。节点采用螺栓连接与焊接连接混合连接,腹杆与端板焊接连接,端板与弦杆及其连接板在节点处采用镀铬摩擦型高强度螺栓连接。

8.8　长沙招商服务中心

长沙市经济技术开发区招商服务中心(简称长沙招商服务中心)位于湖南省长沙市国开区星沙经济开发区,项目于 2005 年建成(图 8-6)。

图 8-6　长沙招商服务中心

该中心的结构形式为铝合金单层球面网壳,球直径为 42 m、矢高为 23 m,球体中心标高为 7 m。网格划分形式为三向网格型。结构采用 H 形截面杆件,材料采用 6061-T6 铝合金,构件外表面以金属阳极氧化的方式进行处理。构件排列所成的三角形空间网格采用 LOW-E 中空夹胶玻璃加以闭合作为围护结构,采用板式节点连接,螺栓为不锈钢材质。钢筋混凝土基础与铝结构间采用不锈钢件进行隔离。

8.9　义乌游泳馆

义乌游泳馆位于浙江省义乌市会展体育中心基地的东侧,于 2008 年竣工,该建筑由游泳比赛池、跳水池、训练池和戏水池组成,为甲级体育建筑。游泳馆长约 130 m,宽约 110 m,屋盖处最高为 25.8 m。

义乌游泳馆为我国首次将倒置式大跨度铝合金屋盖进行应用的建筑结构,结构形式为下凹的球面网壳,如图 8-7 所示。网壳直径为 110 m,网壳矢高为 10 m,采用材质 6061-T6 的铝合金建造。屋盖设置为斜放的"锅"形,以充分利用结构在正常使用状态下杆件受拉的特性,将受压穹顶变为类似"张力结构"。上下弦采用宽翼缘 H 形截面,截面最大高度为 406 mm,腹杆采用圆管。节点采用板式节点。

图 8-7　义乌游泳馆

8.10　中国现代五项赛事中心游泳击剑馆

中国现代五项赛事中心游泳击剑馆(图 8-8),是为 2010 年在成都举办国际现代五项世界锦标赛建造的专用场馆,由上海通正铝结构公司提供全套技术与产品并完成安装。该馆可容纳观众约 3 000 人,建筑面积约为 24 400 m²,结构高度为 34.7 m,跨度为 110 m。

该馆屋盖采用铝合金单层网壳结构（图 8-8、图 8-9）。屋盖平面形状近似为三角形,边长约为 125 m,网壳网格的划分形式为三向网格型,网格为正面正三角形,边长约为 2.8 m,如图 8-10 所示。屋盖支承于下部钢筋混凝土环梁及游泳击剑馆入口处钢结构网状支承柱上。环梁支座范围内网壳的最大跨度约为 90 m,矢高约为 8.5 m,矢跨比约为 1∶10。网壳构件截面为 H 形,截面最大高度为 450 mm,采用 6061-T6 铝合金材料。节点采用板式节点。

图 8-8　中国现代五项赛事中心游泳击剑馆外景

图 8-9　中国现代五项赛事中心游泳击剑馆的单层网壳结构

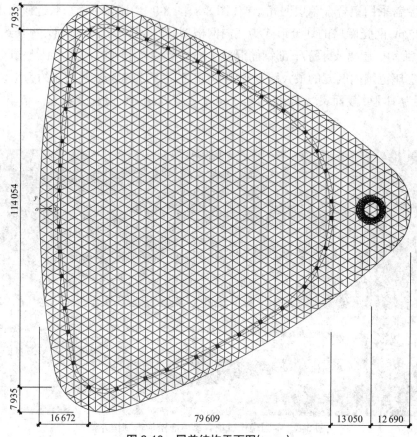

7 935

114 054

7 935

16 672　　79 609　　13 050　12 690

图 8-10　屋盖结构平面图(mm)

8.11　青羊非物质文化遗址世纪塔

该项目位于成都市青羊区,为铝合金塔桅结构,由上海通正铝结构公司提供全套技术与产品并完成安装,如图 8-11 所示。

工程建成后成为世界非物质文化遗产主题公园的象征及视觉焦点,整个塔身曲线柔美、流畅,总高度为 59.4 m,塔身上、下口椭圆长短轴分别为 6.5 m、17 m,塔身展开面积约 4 200 m²。该项目的铝结构突破了常规的三向网格,采用了近似菱形的四边形网格,整个结构形成了上下顺滑的曲线。此外,该项目首次在铝结构体系中采用了蝴蝶结形的铝合金节点板,既方便了 H 形铝合金杆件之间的连接,又保证了结构外观的美观性。

图 8-11　青羊非物质文化遗址世纪塔实景图

8.12　上海辰山植物园温室

上海辰山植物园位于上海市松花区,由上海市政府与中国科学院、国家林业局、中国林业科学研究院共同出资建造,是一座集科研、科普和游览于一体的综合性植物园,于 2011 年 1 月 23 日对外开放。

上海辰山植物园由 A、B、C 三个椭球体异形空间曲面温室建筑组成,如图 8-12 所示。建筑整体为三向网格划分的铝合金弧形单层网壳结构及玻璃面板的组合。三个温室建筑高度分别为 21.41 m、19.65 m、16.92 m;投影面积约为 5 554 m^2、4 525 m^2、2 796 m^2;温室 A 南北向长轴长约 203 m,东西向短轴长约 33 m;温室 B 长轴长约 128 m,短轴长约 39 m;温室 C 长轴长约 110 m,短轴长约 33 m。各区跨度均较大,该跨度的铝合金网壳结构在当时国内乃至国际类似建筑中的应用尚属首次。

图 8-12　上海辰山植物园

该项目的网壳结构的杆件截面为 H 形,截面高度为 300 mm,材料选用 6061-T6 铝合金,铝合金杆件与带弧面的圆形铝合金连接板拉结形成板式节点。节点板采用厚度不小于 8 mm 的 6061-T6 铝合金板。

8.13　苏州大阳山植物园展览馆

苏州大阳山植物园展览馆位于江苏省苏州市虎丘区,总建筑面积为 11 402 m²,包含沙漠馆(A 馆)和热带雨林馆(B 馆)。两馆均为椭球体铝合金空间网格结构,由上海通正铝结构公司提供全套技术与产品并完成安装。该项目为苏州大阳山国家森林公园提供植物培育、展示和良好的研究温室环境,展览馆的实景如图 8-13 所示。该项目中,沙漠馆的平面投影为椭圆形,椭圆长轴、短轴长分别为 98 m、66.5 m,投影面积为 4 994 m²,建筑最大高度为 32.2 m;热带雨林馆(B 馆)的平面投影也为椭圆形,椭圆长轴、短轴长分别为 79.5 m、59.5 m,投影面积为 3 715 m²,建筑最大高度为 27.2 m。两个场馆均采用单层铝合金网壳结构及板式节点系统,采用 6061-T6 铝合金材料,主要杆件截面形式为 H350 mm × 140 mm × 8 mm × 10 mm,屋面覆盖材料为玻璃。该工程为江苏省第一个铝合金温室展览馆,具有绿色、环保、节能的功能,且具有免维护特性,节约了后期主体结构防腐方面的维护成本,创造了较好的经济价值。

图 8-13　苏州大阳山植物园温室展览馆

8.14　虹桥商务区能源中心

虹桥商务区能源中心位于上海市虹桥枢纽,是虹桥商务区首个以天然气为一次能源、分布式供能的区域集中供能系统。能源中心采用铝结构作为屋面构架,无屋面围护系统,上海通正铝结构公司全程参与产品研发、制造及建造。该工程采用自由曲面单层网壳结构,屋面轮廓顺应地势曲线,呈现出铝合金屋面与环境相融洽的景象。铝合金材料的牌号为 6061-T6,主要杆件截面为 H250 mm × 125 mm × 5 mm × 9 mm,采用板式节点体系,该中心的铝合金屋面结构如图 8-14 所示。

图 8-14　上海商务区能源中心的铝合金屋面结构

8.15　武汉体育学院综合体育馆

武汉体育学院综合体育馆(图 8-15),由上海通正铝结构公司提供全套技术与产品并完成安装。该馆南北长约 78 m,东西长约 90 m,高为 23.5 m,设有一个单层的地下室,总建筑面积为 13 500 m²,开工时间为 2010 年 4 月,竣工时间为 2011 年 7 月。

(a)

（b）

图 8-15　武汉体育学院综合体育馆

（a）外景　（b）内景

　　根据建筑要求与功能需求,结合结构受力特点,该馆的屋盖采用铝合金单层球面网壳结构,平面形状近似为正方形,边长约为 75 m,跨度为 62 m,矢跨比为 0.123。网壳网格划分形式采用凯威特型(K6)。屋盖最大挑出距离约为 6.45 m,支承于看台后排的环梁和体育馆外四角的混凝土斜柱上。网壳构件的截面为 H 形,共三种截面形式,截面高度均为 350 mm,采用 6061-T6 铝合金材料;节点采用板式节点;支座采用钢管立柱,焊接于柱和环梁的预埋钢板上。

8.16　开滦集团曹妃甸数字化煤炭仓储基地

　　开滦集团曹妃甸数字化煤炭仓储基地位于河北省唐山市,主要功能为原煤储存仓库,共计 4 个。如图 8-16 所示,每个储煤仓的整体高度为 66 米,上部铝网壳外形为一近似半球形,外覆铝制盖板,仓体采用全铝合金材质。

　　储煤仓上部结构形式为单层球面网壳,网壳直径为 125 m,矢高为 44.5 m。上部网壳环向支承于高 21.5 m 的混凝土挡墙上。网格划分采用凯威特(K6)-联方型;网壳杆件采用截面为 H 形杆件,截面高度为 300 mm;铝合金材料的牌号为 6061-T6;节点类型为板式节点。由于储煤仓的功能需求,需要在穹顶部分区域开孔作为输煤皮带栈桥通道。为保证洞口处结构的稳定性,对

图 8-16　曹妃甸储煤仓

洞口周边及最下部两圈杆件位置通过叠加杆件进行了补强处理,杆件之间通过不锈钢螺栓进行连接。

8.17 "FAST"500 m 口径球面射电望远镜

500 m 口径球面射电望远镜(简称"FAST"),位于贵州省黔南布依族苗族自治州平塘县克度镇大窝凼的喀斯特洼坑中(图 8-17)。该工程为国家重大科技基础设施,由我国天文学家南仁东于 1994 年提出构想,历时 22 年建成,于 2016 年 9 月 25 日落成启用。该工程由中国科学院国家天文台主导建设,具有我国自主知识产权,是世界最大单口径、最灵敏的射电望远镜。综合性能是著名射电望远镜"阿雷西博"的 10 倍。

图 8-17　500 米口径球面射电望远镜

FAST 由主动反射面系统、馈源支承系统、测量与控制系统、接收机与终端系统四大部分构成。其中主动反射面是一个口径为 500 m、半径为 300 m 的球冠,由主体支承结构、促动器、背架结构和反射面板四部分组成。如图 8-18 所示,反射面主体支承结构包括格构柱、圈梁和索网。圈梁支承在 50 根格构柱上,用于支承索网。索网作为背架结构和反射面板的支承结构,包括主索网和下拉索,每个主索节点设一根径向下拉索,下端与促动器连接,通过促动器的主动控制在观测方向形成 300 m 口径瞬时抛物面以汇聚电磁波,且抛物面可在 500 m 口径球面上连续变位,实现跟踪观测。

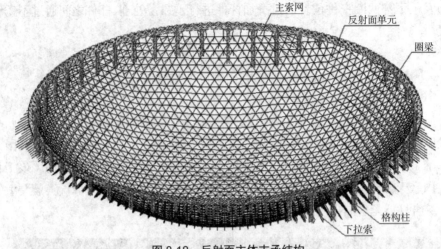

图 8-18　反射面主体支承结构

反射面的背架结构体系为三角锥体系铝合金网架,公称面积为 52.4 m^2,每个单元的尺寸在 11 m 左右,简支于主索网节点上。反射面单元的基本类型为三角形单元,由背架单元、面板单元、调整装置等组成,如图 8-19 所示。反射面单元类型共 341 种,共计 4 450 个反射面单元,杆件为铝合金圆管,共计 551 992 根,材料采用 6061-T6 铝合金;反射面板为穿孔铝板,支承于铝合金网架杆件上;节点形式为铝合金螺栓球节点,采用 2 A12-T42 铝合金,螺栓球形状为椭球型。

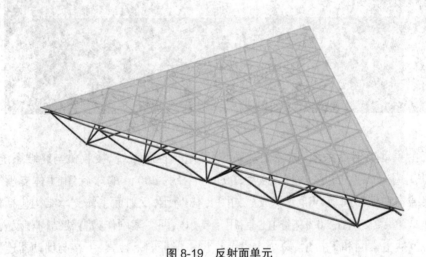

图 8-19　反射面单元

8.18　南京牛首山文化旅游区佛顶宫

南京牛首山文化旅游区佛顶宫项目位于江苏省南京市牛首山东西两峰因挖矿所形成的矿坑内,佛顶宫作为牛首山文化旅游区的核心建筑,为佛祖释迦牟尼顶骨舍利日常供奉之地,同时兼具文化、旅游、商业、宗教等多重功能及属性,由上海通正铝结构公司提供全套技术与产品并完成安装。该项目建成于 2016 年,包括大穹顶及小穹顶两个单体,如图 8-20 所示。佛顶宫项目以充分尊重场地环境为核心思想，以创造富有禅意的室内空间为核心手段，以富有序列感的流线加以丰富，以"补天阙、修莲道、藏地宫"为核心概念。为充分契合矿坑地形，采用了"婆罗双树，云锦袈裟"覆盖的"莲花宝盒"概念，以"莲花托盏，上置佛宝，袈裟护持"构建佛顶宫的整体形态。其中，小穹顶下部为莲花宝座造型，上部为摩尼宝珠造型，上下结合形成"莲花托珍宝"的神圣意象。佛顶宫大、小穹顶的主体结构均为铝结构，因为铝合金材料具有耐腐蚀性能好、轻质高强、终身免维护，建筑表现张力强等突出特点。

图 8-20　牛首山文化旅游区佛顶宫

　　大穹顶采用铝合金单层网壳结构，建筑外型上以自然的弧度曲线贴合山体的走势，将西峰因采矿以及后期塌方等因素缺失的山体轮廓修补完整。大穹顶西侧倚靠西峰，南北搭接山体，东侧悬挑开敞，形成一个南北方向长度约为 200 m、东西向长度约为 130 m、覆盖面积约为 $2 \times 10^4 m^2$、最高处距禅境广场地面约为 52 m 的超大尺寸广场空间。从设计含义上而言，大穹顶下部的双柱呈现自然生长的舒展形象，寓意"婆罗双树"，在佛教中象征着佛祖的涅盘与圆满。大穹顶主要特点为覆盖面积大、跨度大、悬挑大、屋面呈自由曲面，最大长度、宽度分别约为 250.4 m、111.8 m，最大高度约为 56.83 m。大穹顶网壳通过两大、两小 4 个树状柱和沿山体的 24 个支座支承，如图 8-21 所示，树状柱顶端与铝合金网壳杆件铰接。

　　小穹顶采用铝合金单层椭球面网壳结构，如图 8-22 所示。小穹顶长轴长度为 147 m，短轴长度为 97.4 m，矢高为 36.30 m，总覆盖面积为 11 245 m^2，展开面积约为 16 305 m^2。网格划分形式采用联方形与凯威特形相结合的方式，网格边长约为 3.0 m。主要杆件截面为 H 形，最大截面高度为 450 mm，节点采用板式节点。为实现佛顶宫万佛朝宗的壮观景象，整个小穹顶外安装了 5 400 个由七块不同尺寸的铝板或玻璃板拼装而成七面体装饰单元，单元底部采用螺栓直接固定于铝合金杆件上表面预留的槽口内，其一体化体系保持了建筑与结构的一致性，保证了建筑造型的精致表达。通过精准的制作、精确的安装，小穹顶椭圆形的外观与璀璨的光泽如同宝珠，就像一颗光彩夺目的珍珠，高度契合设计意象。

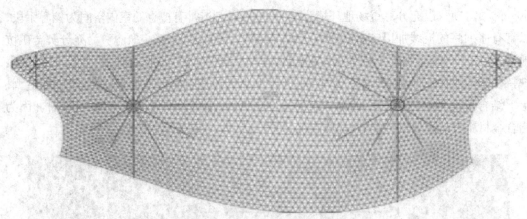

图 8-21　大穹顶支座及网格划分

图 8-22　小穹顶

8.19　南昌综合保税区主卡口

　　南昌综合保税区主卡口项目位于江西南昌市临空经济区内,设于保税区市政道路上。该项目设有 4 个货物通道,由上海通正铝结构公司提供全套技术与产品并完成安装。卡口系统的建筑面积为 1 136 m²。在建筑外形上,该项目以自然的弧度曲线塑造出类似展翅飞翔的海鸥形态。整个屋面骨架为不规则的双曲面单层网壳,屋面围护系统采用一体化玻璃围护体系,如图 8-23 所示。该项目为满足建筑造型以及使用空间的要求,选用铝合金单层网壳结构,所用材料为 6061-T6 铝合金,杆件之间通过板式节点进行连接。屋盖平面投影为直径 60 m、角度 180° 的扇形,最大高度为 11 m,该网壳支承在两个格构钢柱及一片弧形落地混凝土墙上,格构钢柱顶部设 6 根预应力拉杆,由柱顶拉结到网壳顶面,为国内首次运用铝合金－预应力拉索组合结构体系。

图 8-23　南昌综合保税区主卡口

8.20　崇明体育训练基地综合训练馆与游泳训练馆

上海崇明体育训练基地项目位于上海市崇明县陈家镇,为国际先进、国内一流、高科技、多功能的现代化国家级体育训练基地,其中综合训练馆与游泳训练馆的屋盖工程都采用了铝合金单层网壳结构,由上海通正铝结构公司提供全套技术与产品并完成安装。杆件之间通过板式节点系统连接;铝合金材料的牌号为 6061-T6;围护系统采用一体化铝板屋面系统。该馆建成后的效果如图 8-24 所示。

图 8-24　崇明体育训练基地综合训练馆与游泳训练馆

该项目中,综合训练馆屋盖是投影为矩形的球壳结构,平面尺寸为 45 m×48 m,矢高为 5 m;游泳训练馆屋盖是投影为矩形的柱面网壳结构,平面尺寸为 36 m×45 m,矢高为 4.05 m;围护系统采用一体化铝板屋面系统,集成了主体结构、外装饰幕墙、防水、内装饰等功能,无须檩条等次结构,占用空间少,可使建筑净空间最大化,如图 8-25 所示。

图 8-25　崇明体育训练基地综合训练馆

8.21　郫县体育中心

郫县体育中心位于成都市郫县,功能定位为举办大型赛事活动和演艺活动及全民健身活动并兼具大型避难应急场所的场馆(图 8-26)。屋盖结构选用铝合金单层网壳结构,由上海通正铝结构公司提供全套技术与产品并完成安装,材料为 6061-T6 铝合金,展开面积为 16 517.2 m^2。围护系统采用一体化铝板系统。该工程总长约为 192.45 m,外形呈豆瓣形,屋面网格边长约为 2.6~4.0 m,最大跨度为 65.5 m,矢高约为 8.5 m。

图 8-26　郫县体育中心

8.22　北京大兴国际机场

北京大兴国际机场(图 8-27),位于北京市大兴区和河北省廊坊市交界处,为 4F 级国际机场、大型国际枢纽机场。北京大兴国际机场有一座航站楼,面积约为 $7 \times 10^5 \text{ m}^2$;有四条跑道,东一、北一和西一跑道宽 60 米,长分别为 3 400 米、3 800 米和 3 800 米,西二跑道长 3 800 米,宽 45 米;共有机位 268 个,可满足 2025 年旅客吞吐量 7 200 万人次、货邮吞吐量 200 万吨、飞机起降量 62 万架次的需求。

图 8-27　北京大兴国际机场

北京大兴国际机场的采光顶系统总面积达到 47 000 m^2,如何处理好遮阳问题,是保证室内舒适度的关键。采光顶的遮阳设计源自以下出发点:可操作性、维护性、保证更多的光线进入、减少直射阳光进入。于是选择在采光顶玻璃中空层内置金属板网的遮阳方案。遮阳网随玻璃加工安装,不会对施工现场造成压力;同时遮阳置于玻璃中空层内,终身无须清洁和维护。8 个采光顶均为铝合金单层球面网壳,由上海通正铝结构公司提供全套技术与产品并完成安装。杆件通过板式节点连接,铝合金材料的牌号为 6082-T6,网壳构件截面为 H 形,截面高度为 250 mm,采光顶的铝合金单层球面网壳结构如图 8-28 所示。采光顶结构覆盖于 C 型柱上部的敞口上,网格划分形式为三向网格型。根据平面尺寸的不同,将 8 个采光顶分为 C1 型和 C2 型两类,二者平面投影均为椭圆形。其中,6 个 C1 型采光顶椭圆长轴、短轴均分别为 36.98 m、27.82 m,矢高约为 3.1 m;2 个 C2 型采光顶椭圆长轴、短轴分别为 52.28 m、27.33 m,矢高约为 6.7 m。

图 8-28　北京大兴国际机场的单层铝合金网壳

8.23　海花岛植物奇珍馆

　　海花岛植物奇珍馆位于海南省儋州市海花岛 1 号岛 E 区植物园内,分为 3 个主题展示区(国花馆、珍稀多肉植物馆、香草植物区),建筑面积约为 4 500 m²,如图 8-29 所示。整个展馆屋盖呈现波浪造型,带状玻璃屋顶与立面玻璃幕墙结合,建筑效果通透。本工程采用铝合金单层网壳结构,由上海通正铝结构公司提供全套技术与产品并完成安装。屋盖结构外轮廓投影为不规则矩形,最大长度约为 117 m,宽度约为 38.8 m,最高点标高为 20.8 m,屋盖四周及波谷位置布置的支承立柱为主要的竖向传力构件与抗侧构件,柱距平均为 6 m。

图 8-29　海花岛植物奇珍馆

8.24　上海天文馆

上海天文馆(上海科技馆分馆)位于浦东新区的临港新城,工程于 2019 年 9 月全面完成,总用地面积为 5.86 hm²。项目总建筑面积约为 38 162.57 m²,主体建筑面积为 35 369.85 m²;地面以上 3 层,地下 1 层,总高度为 23.95 m。

该天文馆主体建筑采用倒置穹顶,如图 8-30 所示,其结构形式为铝合金单层网壳结构,直径约为 42 m,失高为 20 m。底部距离穹顶边缘 5.55 m 处为钢结构上人平台,在该平台中心处有直径为 3.4 m 的圆形采光顶;网壳支承于下部钢筋混凝土环梁上,通过钢短柱连接。铝合金网壳采用三角形网格,网格边长为 2~3 m;杆件截面为 H 形,材料为 6061-T6 铝合金,截面高度为 300 mm。在洞口周边采用 H 形截面钢构件进行加强,铝合金杆件之间采用板式节点连接。

图 8-30　上海天文馆倒转穹顶结构

8.25　G60 科创云廊

G60 科创云廊位于上海市松江区,由全球著名建筑设计师拉斐尔·维诺里进行概念设计,由华东建筑设计研究院进行施工图设计,由上海通正铝结构公司提供全套技术与产品并完成安装。本项目全长为 1.5 km,分两期建设,共包括 22 幢 80 m 高的建筑,云廊总面积达 1.5 × 10⁵ m²,1.5 km 长的城市产业长廊堪称世界之最,如图 8-31 所示。

图 8-31　G60 科创云廊

2020 年 1 月,该项目的一期工程结构建成,全长约为 732 m,宽度约为 123 m。11 栋高层建筑的屋顶由铝合金单层网壳结构相连,并在铝结构屋面上局部贴有柔性薄膜太阳能电池组件,其质量只有硬质膜的约三分之一。这样的设计不仅能减轻结构负担,减少材料用量,还能发电供建筑物使用。整个屋盖波浪般高低起伏,最高点约为 100 m,波峰波谷之间最大落差达 18 m。采用树形柱支承屋面结构以减小跨度,分散柱顶集中力;树形柱上下铰接,以减少对下部结构的影响。综合考虑矢高最大化和支承点跨度最小化两个原则,在高层建筑楼顶设置为波峰,各高层建筑之间设置为波谷,并使支承于楼顶的树形柱分叉尽可能相距较远。两栋高层建筑之间的最远距离约为 130 m,在每栋楼顶布置 4~6 个树形柱,柱截面呈二端小、中间大的梭形,如图 8-32 所示。本项目所用铝合金构件截面均为 H 形,截面高度为 550 mm,材料为 6061-T6 铝合金,采用板式节点。该项目为世界最长的高空屋盖建筑,也是建造高度最高、体量最大的复杂大跨度铝合金单层网壳结构,是铝结构具有里程碑意义的突破及工程运用案例。

图 8-32　树形柱

8.26　普陀山观音圣坛圆通大厅

观音法界一期观音圣坛项目位于舟山市普陀区朱家尖香莲路北侧,总建筑面积为 66 058 m²。其中,地上建筑面积为 63 363 m²,地下建筑面积约为 2 695 m²。圣坛有地上十层,地下局部一层,一层至顶部宝珠高度为 91.9 m。圣坛中央为贯穿一层到九层通高的圆通大厅,在佛教文化内涵上,取意"须弥山"。圆通大厅为整个项目的核心景观,为铝合金单层斜交异形双曲面网壳结构,由上海通正铝结构公司提供全套技术与产品并完成安装,如图 8-33 所示。

 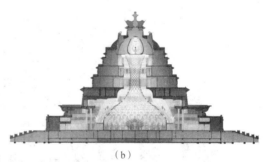

（a）　　　　　　　　　　　　　　　　　（b）

图 8-33　观音圣坛建筑效果图

（a）外景　（b）剖面

铝合金单层网壳结构坐落在底部混凝土壳体上,与混凝土结构融为一体,共同构成须弥山景观,整体造型优美,曲线流畅。铝合金网壳结构高度约为 32.65 m,顶部直径为 21.48 m,底部直径为 18.3 m,中间最窄处直径为 7.5 m,展开面积约 1 264 m²。网壳采用四边形网格形式,杆件表面覆盖空间多曲铝板,网格中间镶嵌马鞍形双曲面 A 类防火玻璃进行装饰,采用一体化节点系统无缝安装玻璃及铝板,无须次龙骨,实现围护系统、灯光照明系统和主体结构的一体化设计与施工,最终形成姿态轻盈优美的佛教艺术建筑。

2020 年 11 月 14 日,普陀山观音法界正式开园,铝合金一体化结构将建筑的精致表达得淋漓尽致,成功打造了集宗教、艺术、参学、观光、弘法于一体的,引领当代佛教潮流的文化空间。

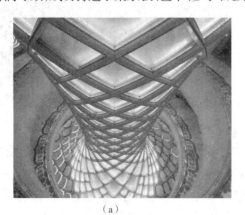 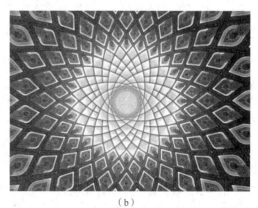

（a）　　　　　　　　　　　　　　　　　（b）

图 8-34　铝合金装饰一体化建筑系统完成图

（a）网壳侧视图　（b）网壳俯瞰图

8.27　天津金阜桥

天津金阜桥(图 8-35),又名蚌埠桥,位于天津市中心区域,是一座跨海河桥梁,西连河西区的蚌埠道,东接河东区的十三经路,为河东、河西两区间的一条跨河通道。金阜桥全桥长 192 m,为机非混行桥,机动车双向 4 车道。该桥分为主桥和辅桥,主桥宽 23.5 m,两侧辅桥净宽均为 3 m。主桥为单箱多室钢箱梁结构,辅桥为悬臂挑梁结构。在主桥两侧有观光人行道,并通过踏步连接至海河两岸的带状公园。桥梁的平面设计成反对称结构,主桥结构和两侧行人辅桥结构,由空间纵、横拱网状构造支承并提供连接。

图 8-35　天津金阜桥

金阜桥的主桥人行道、辅桥、桥间楼梯和相应平台部分均采用铝合金人行道板进行铺装,如图 8-36 所示。人行道板采用 6005-T5 铝合金挤压型材,标准板块长 5 m、宽 0.25 m,由 2.7 mm 厚的上部翼缘板和 3 mm 厚且底部带有加强的马蹄形构造的肋板组成。为方便各板块的连续铺设和紧密搭接,每块板材的两端分别设有悬出的小牛腿和盖板构造;而为了进一步增加桥面板的防滑性能,在其上表面设有均匀分布的防滑棱。

图 8-36　铝合金人行道板

为了实现铝合金人行道板与主桥、辅桥的连接,考虑受力及施工要求,在主桥钢箱顶板、辅桥或桥间楼梯相应部位设置一定间距和规格的双槽钢次梁,以特制夹具实现铝合金桥面板块与钢系梁的连接。夹具的连接螺栓采用弹簧垫圈及双螺母,以避免长期踩踏后松动及不同材料间发生电化学反应。

8.28 华电封闭煤场项目

通过铝合金毂式节点(图 8-37)连接形成网架结构是美国 Geometrica 公司的专有技术,此类结构以三角形为基本构型单元,能够有效提高结构面内稳定性。这种结构体系合理高效,外形简洁美观,可以适应复杂的建筑形体,以及常用的单层壳体、双层桁架、空腹桁架、四角锥体系,以及单、双层的组合式结构体系。迄今为止,这种结构体系已在超过 25 个国家和地区得到工程应用。

华电十里泉电厂的两个封闭煤场项目(图 8-38)的尺寸均为 208.5 m × 86 m;采用钢管桁架加铝合金毂式节点网架的组合结构,铝合金毂式节点网架布置于桁架中间,采用双层空腹结构体系。华电江陵电厂的封闭煤场项目(图 8-39)的尺寸为 340 m × 120 m;采用钢管桁架加铝合金毂式节点网架的组合结构,铝合金毂式节点网架布置于桁架中间,采用类似抽空三角锥的结构形式。华电青岛电厂的两个封闭煤场项目(图 8-40)的尺寸均为 105 m × 321 m,采用钢管桁架加铝合金毂式节点网架组合结构形式,铝合金毂式节点网架采用桁架式檩条形式,布置在桁架中间。

图 8-37 铝合金毂式节点

图 8-38 华电十里泉电厂的封闭煤场项目

图 8-39 华电江陵电厂的封闭煤场项目

图 8-40 华电青岛电厂的封闭煤场项目

8.29　郑州市民流动中心铝合金工程

　　郑州市民活动中心位于郑州市民公共文化服务区东部,定位为丰富市民公共文化生活、展示郑州新形象等城市名片。中心包括科技馆、杂技馆、群艺馆等六大功能区板块,多个建筑群通过"飘带状"的一体化立面幕墙形成有机的整体,幕墙支承体系为单层双曲斜交铝合金空间网格结构,由上海通正铝结构公司提供全套技术与产品并完成安装,如图8-41所示。项目采用三角形的网格划分形式,铝合金挤压型材截面为H280 mm×160 mm× 7 mm×12 mm,材料为6061-T6铝合金,杆件通过板式节点系统连接。

（a）　　　　　　　　　　　　　　　　　　（b）

图 8-41　郑州市民服务中心铝合金幕墙

（a）建筑效果图　（b）建成效果

8.30　樟树市体育中心

　　樟树市体育中心项目位于江西省樟树市滨江新区盐城大道旁,是江西省首座采用大跨度铝结构的体育场馆。该体育中心满足江西省乃至全国的相关体育训练、竞赛的功能需求,也是广大群众开展全民健身、娱乐活动的场所。樟树市体育中心的屋盖体系为铝合金单层网壳结构,由上海通正铝结构公司提供全套技术与产品并完成安装。屋盖下部为钢筋混凝土框架结构,平面投影为椭圆,长轴方向长128 m,短轴方向长98 m,屋顶高度为26 m,总建筑面积达34 472 m²,主要铝合金杆件截面为H480 mm×180 mm×9 mm×11 mm,材料为6061-T6铝合金,杆件之间通过板式节点连接,屋面采用一体化铝板围护系统。

图 8-42　樟树市体育中心

8.31　河南省科技馆（新馆）

　　河南省科技馆（新馆）位于河南省郑州市郑东新区,建筑高度为 43 m,总建筑面积约为 $1.05 \times 10^5 \, m^2$,是传播科学技术、提升公民科学素养、拓展青少年科学教育实践的一项重大公益项目。该项目屋顶采光顶采用铝合金单层球面网壳结构,跨度约为 27.6 m,整体支承于屋面的钢结构,由上海通正铝结构公司提供全套技术与产品并完成安装。铝合金杆件有 2 种规格,截面分别为 H280 mm × 160 mm × 8 mm × 9 mm、H280 mm × 220 mm × 16 mm × 20 mm,材料为 6061-T6 铝合金。屋顶采光顶采用一体化玻璃屋面。该项目采用地面拼装后整体吊装就位的施工工艺,极大地提高了施工效率,减少了高空作业量。

图 8-43　河南省科技馆的单层网壳铝合金屋面

8.32　世博温室花园

温室花园位于拟建的上海世博文化公园内 C04-01（b）地块内，规划在原上钢三厂保留厂房构架基础上建设世界一流的温室花园。温室花园将秉承绿色低碳的建设理念，在上钢三厂老厂房建筑的基础上改造更新，建筑群体分为规整的老厂房构架和灵动的温室玻璃建筑，新与旧的建筑，虚与实的空间，既对立又统一，形成建筑形态和外部空间的"阴阳调和"之平衡之美，呈现建筑独特新颖、景观丰富奇特的建设理念，如图 8-44 所示。

项目总建筑面积约为 37 877.6 m²，其中地上建筑面积约为 28 925.9 m²，地下建筑面积约为 8 951.7 m²，地上建筑包括 4 个建筑单体及保护建筑构架，分别为游客中心、云之花园、热带雨林和多肉世界馆。其中，后 3 个场馆屋面和立面围护系统均为玻璃幕墙，整体通透优雅，新颖灵动。

图 8-44　世博温室花园效果图

3 个主要场馆的结构体系构成如图 8-45 所示。其中，热带雨林、多肉世界馆两个展馆采用张弦铝合金异形网格结构；云之花园采用悬挂铝合金异形网格结构。

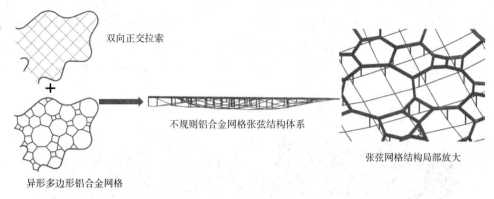

（a）

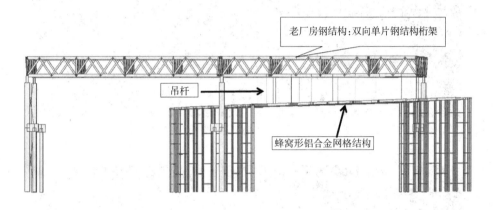

悬挂铝合金蜂窝形网格结构 = 老厂房钢结构 + 吊杆 + 蜂窝形铝合金网格结构

（b）

图 8-45　铝结构体系示意图

（a）双向拉索空间张弦铝合金网格结构体系　（b）悬挂铝合金网格结构体系

　　该项目由上海建筑设计研究院设计,由上海通正铝结构公司提供全套技术与产品并完成安装。该项目实现了铝结构的多项突破,如世界首次采用 450 mm 高的"日"字形大截面铝合金挤压杆件(图 8-46)、全球首创"张弦铝合金空间网格"结构体系等,拓展了铝结构的应用场景。

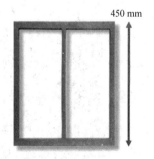

图 8-46　"日"字形大截面铝合金挤压杆件

8.33　洛阳奥林匹克体育中心

　　洛阳奥林匹克体育中心项目依托周边城市配套,打造集运动竞技、体育商务和全民健身等功能互补互助的体育公园综合体,如图 8-47 所示。该项目的田径训练馆采用铝合金单层网壳结构(图 8-48),是河南省洛阳市首座异形大跨度铝合金网壳工程,由上海通正铝结构公司提供全套技术与产品并完成安装。

　　该项目的铝合金单层网壳结构的整体呈椭球面造型,网壳长轴长 96.5 m,短轴长

70.9 m,网壳矢高 11.7 m,支座标高 7.55 m,投影面积为 5 417 m;采用 6061-T6 铝合金材料,板式节点系统进行连接。该项目无论从造型设计还是绿色材质的选用都匠心独运,蕴含独有的文化底蕴,贯穿绿色环保建设理念,与整体建筑主体相互辉映,相得益彰。在该项目中,异形大跨度曲拱网壳结构的加工精度高、施工工艺技术创新点多,施工工期较短。

图 8-47　洛阳奥体中心

图 8-48　田径训练馆铝合金网壳结构

8.34　洛阳科技馆(新馆)

洛阳科技馆项目位于河南省洛阳市的城市未来轴线"科技谷"板块核心位置,整体建筑构思理念为"天地之间",以周代发明的"瓦"为原型,建筑外形方弧结合,既具有浓厚的传统文化神韵,又体现出强烈的时代感和科技感,如图 8-49 所示。科技馆中部的球幕影院采用铝合金单层网壳作为承重结构,由上海通正铝结构公司提供全套技术与产品并完成安装。

该铝合金单层网壳结构的外形为标准球体,球心标高为 35.4 m,半径为 16.615 m,采用 6061-T6 铝合金板式节点系统,网壳结构如图 8-50 所示。

图 8-49　洛阳科技馆(新馆)

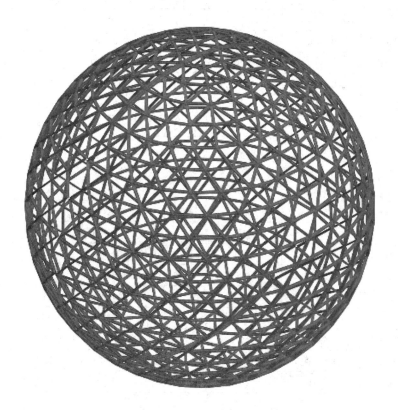

图 8-50　球幕影院的铝合金单层网壳结构

附录 A　结构用铝合金材料力学性能

常见结构用铝合金板、带材料的力学性能(标准值)可按表 A-1 采用。结构用铝合金棒、管、型材的力学性能(标准值)可按表 A-2 采用。结构用铝合金板、带、棒、管、型材的化学成分可按表 A-3 采用。

表 A-1　结构用铝合金板、带材料的力学性能标准值

牌号	状态	厚度 (mm)	规定非比例伸长应力 $f_{0.2}$ (N/mm²)	名义屈服强度焊接折减系数 ρ_{haz}	极限抗拉强度 f_u (N/mm²)	极限抗拉强度焊接折减系数 $\rho_{u,haz}$	伸长率 $A_{50}(A)$ (%)
1060	H12	0.5~6.0	60	0.25	80~120	0.73	6~12
	H14	0.5~6.0	70	0.21	95~135	0.65	2~10
3003	H12	0.5~6.0	90	0.41	120~160	0.79	4~6
	H14	0.5~6.0	125	0.30	145~195	0.68	2~4
	H16	0.5~4.0	150	0.24	170~210	0.58	2
	H18	0.5~3.0	170	0.21	190	0.51	2
3004	H14	0.5~6.0	180	0.42	220~265	0.70	2~3
	H24/H34	0.5~3.0	170	0.44	220~265	0.70	4
	H16	0.5~4.0	200	0.38	240~285	0.65	1~2
	H26/H36	0.5~3.0	190	0.39	240~285	0.65	3
3005	H14	0.5~6.0	150	0.37	170~215	0.68	2~3
	H24	0.5~3.0	130	0.43	170~215	0.68	4
	H16	0.5~4.0	175	0.32	195~240	0.59	2
	H26	0.5~3.0	160	0.35	195~240	0.59	3
3013	H14	0.5~6.0	120	0.37	140~180	0.64	2~4
	H24	0.5~6.0	110	0.40	140~180	0.64	4~6
	H16	0.5~6.0	145	0.30	160~200	0.56	2
	H26	0.5~4.0	135	0.33	160~200	0.56	3
5005/ 5005 A	O/H111	0.5~50.0	35	1	100~145	1	19~24(20)
	H12	0.5~6.0	95	0.46	125~165	0.80	2~5
	H22/H32	0.5~6.0	80	0.55	125~165	0.80	5~8
	H14	0.5~6.0	120	0.37	145~185	0.69	2~4
	H24/H34	0.5~6.0	110	0.40	145~185	0.69	4~6

牌号	状态	厚度（mm）	规定非比例伸长应力 $f_{0.2}$（N/mm²）	名义屈服强度焊接折减系数 ρ_{haz}	极限抗拉强度 f_u（N/mm²）	极限抗拉强度焊接折减系数 $\rho_{u,haz}$	伸长率 $A_{50}(A)$（%）
5049	O/H111	0.5~100.0	80	1	190~240	1	14~18（17）
	H14	0.5~6.0	190	0.53	240~280	0.79	3~4
	H24/H34	0.5~6.0	160	0.63	240~280	0.79	6~8
5050	H22/H32	0.5~6.0	110	0.36	155~195	0.83	5~10
	H24/H34	0.5~6.0	135	0.28	175~215	0.74	4~8
	H26/H36	0.5~4.0	160	0.27	195~235	0.68	3~6
5052	O/H111	0.5~80.0	65	1	165~215	1	14~19（18）
	H12	0.5~6.0	160	0.50	210~260	0.81	5~8
	H22/H32	0.5~6.0	130	0.62	210~260	0.81	6~10
	H14	0.5~6.0	180	0.44	230~280	0.74	3~4
	H24/H34	0.5~6.0	150	0.53	230~280	0.74	5~7
	H26/H36	0.5~6.0	180	0.32	250~300	0.67	4~6
5454	O/H111	0.5~80.0	85	1	215~275	1	13~18（16）
	H14	0.5~6.0	220	0.48	270~325	0.80	3~4
	H24/H34	0.5~6.0	200	0.53	270~325	0.80	5~7
5754	O/H111	0.5~100.0	80	1	190~240	1	14~18（17）
	H14	0.5~6.0	190	0.53	240~280	0.79	3~4
	H24/H34	0.5~6.0	160	0.63	240~280	0.79	6~8
5083	O/H111	0.5~6.3	125	1	275~350	1	12~15
		>6.3~80.0	115	1	270~345	1	16（15~14）
		>80.0~120.0	110	1	260	1	（12）
		>120.0~200.0	105	1	255	1	（12）
	H12	0.5~6.0	250	0.62	315~375	0.90	4~6
	H22/H32	0.5~6.0	215	0.72	305~380	0.90	6~8
	H14	0.5~6.0	280	0.55	340~400	0.81	3
	H24/H34	0.5~6.0	250	0.62	340~400	0.81	5~7
6061	T4	0.4~80.0	110	0.86	205	0.73	12~18（15~14）
	T6	0.4~100.0	240	0.48	290	0.60	6~10（8~5）
6082	T4	0.4~80.0	110	0.91	205	0.78	12~14（13~12）
	T6	0.4~6.0	260	0.48	310	0.60	6~10
		>6.0~12.5	255	0.49	300	0.62	9
7020	T6	0.4~40.0	280	0.73	350	0.80	7~10（9）
		>40.0~100.0	270	0.73	340	0.80	（8）
		>100.0~200.0	260	0.73	330	0.80	（7~5）

牌号	状态	厚度（mm）	规定非比例伸长应力 $f_{0.2}$（N/mm²）	名义屈服强度焊接折减系数 ρ_{haz}	极限抗拉强度 f_u（N/mm²）	极限抗拉强度焊接折减系数 $\rho_{u,haz}$	伸长率 $A_{50}(A)$（%）
8011 A	H14	0.5~6.0	110	0.34	125	0.68	3~4
	H24	0.5~6.0	100	0.37	125	0.68	4~6
	H16	0.5~4.0	130	0.28	145	0.59	2~3
	H26	0.5~4.0	120	0.31	145	0.59	3~4

注：① 伸长率标准值中，A_{50} 适用于厚度不大于 12.5 mm 的板材，A 适用于厚度大于 12.5 mm 的板材；

② 表中焊接折减系数的数值适用于材料焊接后存放的环境温度大于 10 ℃，存放时间大于 3 d（6×××系列）或 30 d（7×××系列）的情况；

③ 表中焊接折减系数的数值适用于厚度不超过 15 mm 的 MIG 焊，以及 3×××系列、5×××系列合金和 8011 A 合金厚度不超过 6 mm 的 TIG 焊，对于 6×××系列和 7×××系列合金厚度不超过 6 mm 的 TIG 焊，焊接折减系数的数值必须乘以 0.8，当厚度超过上述规定，如无试验结果或国内外相关规范规定，3×××系列、5×××系列合金和 8011 A 合金焊接折减系数的数值必须乘以 0.9，6×××系列和 7×××系列合金焊接折减系数的数值必须乘以 0.8（MIG 焊）或 0.64（TIG 焊）；对于 O 状态，无须进行上述折减。

表 A-2　结构用铝合金棒、管、型材的力学性能标准值

牌号	产品类型	状态	直径（mm）	壁厚（mm）	规定非比例伸长应力 $f_{0.2}$（N/mm²）	名义屈服强度焊接折减系数 ρ_{haz}	极限抗拉强度 f_u（N/mm²）	极限抗拉强度焊接折减系数 $\rho_{u,haz}$	伸长率 $A_{50}(A)$（%）
5083	挤压棒、挤压管、挤压型材	O/H112	≤200	所有	110	1	270	1	10（12）
	拉制管	H32		所有	200	0.68	280	0.96	4
6060	挤压棒、挤压型材	T5	≤150	≤5.0	120	0.42	160	0.50	6（8）
	挤压型材	T5		>5.0~25.0	100	0.50	140	0.57	6（8）
	挤压棒、挤压型材	T6	≤150	≤3.0	150	0.43	190	0.59	6（8）
	挤压型材	T6		>3.0~25.0	140	0.43	170	0.59	6（8）
	挤压型材	T66		≤3.0	160	0.41	215	0.51	6
				>3.0~25.0	150	0.43	195	0.56	6（8）
6061	挤压棒、挤压管、挤压型材、拉制管	T4	≤150	所有	110	0.86	180	0.83	13（14）
	挤压棒、挤压管、挤压型材、拉制管	T6	≤150	所有	240	0.48	260	0.67	8（8）

续表

牌号	产品类型	状态	直径（mm）	壁厚（mm）	规定非比例伸长应力 $f_{0.2}$（N/mm²）	名义屈服强度焊接折减系数 ρ_{haz}	极限抗拉强度 f_u（N/mm²）	极限抗拉强度焊接折减系数 $\rho_{u,haz}$	伸长率 $A_{50}(A)$（%）
6063	挤压棒	T5	≤200		130	0.46	175	0.57	6(8)
	挤压管	T5		≤25.0	130	0.46	175	0.57	6(8)
	挤压型材	T5		≤3.0	130	0.46	175	0.57	6
				>3.0~25.0	110	0.55	160	0.63	5(7)
	挤压棒、挤压管、挤压型材	T6	≤200	所有	160	0.41	195	0.56	6(8)
	拉制管	T6		所有	190	0.34	220	0.50	8(10)
	挤压型材	T66		≤10.0	200	0.38	245	0.53	6
				>10.0~25.0	180	0.42	225	0.58	6(8)
6005A	挤压棒、挤压型材（开口截面）	T6	≤50.0	≤5.0	225	0.51	270	0.61	6(8)
			>50.0~100.0	>5.0~10.0	215	0.53	260	0.63	6(10)
				>10.0~25.0	200	0.58	250	0.66	6(8)
	挤压型材（闭口截面）	T6		≤5.0	215	0.53	255	0.65	6
				>5.0~10.0	200	0.58	250	0.66	6
6106	挤压型材	T6		≤10.0	200	0.48	250	0.64	6
6082	挤压棒、挤压管、挤压型材	T4		≤25.0	110	0.91	205	0.78	12(14)
	挤压型材	T5		≤5.0	230	0.54	270	0.69	6
	挤压棒	T6		≤20.0	250	0.50	295	0.63	6(8)
			>20.0~150.0		260	0.48	310	0.60	(8)
	挤压管、挤压型材	T6		≤5.0	250	0.50	290	0.64	6
				>5.0~25.0	260	0.48	310	0.60	8(10)
7020	挤压棒、挤压管、挤压型材	T6	≤50.0	≤15.0	290	0.71	350	0.80	8(10)
			>50.0~150.0	>15.0~40.0	275	0.75	350	0.80	(10)
	拉制管	T6		所有	280	0.73	350	0.80	8(10)

注：①伸长率标准值中，A_{50} 适用于厚度（或直径）不大于 12.5 mm 的板（或棒）材，A 适用于厚度（或直径）大于 12.5 mm 的板（或棒）材；

②表中焊接折减系数的数值适用于材料焊接后存放的环境温度大于 10 ℃，存放时间大于 3 d（6×××系列）或 30 d（7×××系列）的情况；

③表中焊接折减系数的数值适用于厚度不超过 15 mm 的 MIG 焊，以及 3×××系列、5×××系列合金和 8011A 合金厚度不超过 6 mm 的 TIG 焊；对于 6×××系列和 7×××系列合金厚度不超过 6 mm 的 TIG 焊，焊接折减系数的数值必须乘以 0.8；当厚度超过上述规定，如无试验结果或国内外相关规范规定，3×××系列、5×××系列合金和 8011A 合金焊接折减系数的数值必须乘以 0.9，6×××系列和 7×××系列合金焊接折减系数的数值必须乘以 0.8（MIG 焊）或 0.64（TIG 焊）；对于 O 状态，无须进行上述折减。

表 A-3　结构用铝合金板、带、棒、管、型材的化学成分

牌号	化学成分的质量分数(%)										
	Si	Fe	Cu	Mn	Mg	Cr	Zn	Ti	其他		Al
									单个	合计	
1060	0.25	0.35	0.05	0.03	0.03	—	0.05	0.03	0.03	—	余量
3003	0.60	0.70	0.05~0.20	1.0~1.5	—	—	0.10	—	0.05	0.15	余量
3004	0.30	0.70	0.25	1.0~1.5	0.8~1.3	—	0.25	—	0.05	0.15	余量
3005	0.60	0.70	0.30	1.0~1.5	0.20~0.6	0.10	0.25	0.10	0.05	0.15	余量
3013	0.50	0.70	0.10	0.90~1.5	0.30	0.10	0.20	—	0.05	0.15	余量
5005	0.30	0.70	0.20	0.20	0.50~1.1	0.10	0.25	—	0.05	0.15	余量
5005 A	0.30	0.45	0.05	0.15	0.70~1.1	0.10	0.20	—	0.05	0.15	余量
5049	0.40	0.50	0.10	0.50~1.1	1.6~2.5	0.30	0.20	0.10	0.05	0.15	余量
5050	0.40	0.70	0.20	0.10	1.1~1.8	0.10	0.25	—	0.05	0.15	余量
5052	0.25	0.40	0.10	0.10	2.2~2.8	0.15~0.35	0.10	—	0.05	0.15	余量
5454	0.25	0.40	0.10	0.50~1.0	2.4~3.0	0.05~0.20	0.25	0.20	0.05	0.15	余量
5754	0.40	0.40	0.10	0.50	2.6~3.6	0.30	0.20	0.15	0.05	0.15	余量
5083	0.40	0.40	0.10	0.40~1.0	4.0~4.9	0.05~0.25	0.25	0.15	0.05	0.15	余量
6060	0.30~0.6	0.10~0.30	0.10	0.10	0.35~0.6	0.05	0.15	0.10	0.05	0.15	余量
6061	0.40~0.8	0.7	0.15~0.40	0.15	0.80~1.2	0.04~0.35	0.25	0.15	0.05	0.15	余量
6063	0.20~0.6	0.35	0.10	0.10	0.45~0.9	0.10	0.10	0.10	0.05	0.15	余量
6005 A	0.50~0.9	0.35	0.30	0.50	0.40~0.7	0.30	0.20	0.10	0.05	0.15	余量
6106	0.30~0.6	0.35	0.25	0.05~0.20	0.40~0.8	0.20	0.10	—	0.05	0.15	余量
6082	0.70~1.3	0.50	0.10	0.40~1.0	0.60~1.2	0.25	0.20	0.10	0.05	0.15	余量
7020	0.35	0.40	0.20	0.05~0.50	1.0~1.4	0.10~0.35	4.0~5.0	—	0.05	0.15	余量
8011 A	0.40~0.8	0.50~1.0	0.10	0.10	0.10	0.10	0.10	0.05	0.05	0.15	余量

附录 B 板件弹性屈曲

1. 弹性屈曲应力

受压加劲板件、非加劲板件的弹性屈曲应力应按下式计算:

$$\sigma_{cr} = \frac{k\pi^2 E}{12(1-v^2)\cdot(b/t)^2} \tag{B-1}$$

式中:k——受压板件局部稳定系数;

v——铝合金材料的泊松比, $v=0.3$;

b——板件净宽;

t——板件厚度。

受压板件局部稳定系数 k 可按下式计算:

(1)加劲板件

当 $1 \geqslant \psi > 0$ 时:

$$k = \frac{8.2}{\psi + 1.05} \tag{B-2a}$$

当 $0 \geqslant \psi > -1$ 时:

$$k = 7.81 - 6.29\psi + 9.78\psi^2 \tag{B-2b}$$

当 $\psi < -1$ 时:

$$k = 5.98(1-\psi)^2 \tag{B-2c}$$

式中: ψ——压应力分布不均匀系数, $\psi = \sigma_{min} / \sigma_{max}$;

σ_{max}——受压板件边缘最大压应力(N/mm^2),取正值;

σ_{min}——受压板件另一边缘的应力(N/mm^2),取压应力为正,拉应力为负。

(2)非加劲板件

1)最大压应力作用于支承边:

当 $1 \geqslant \psi > 0$ 时:

$$k = \frac{0.578}{\psi + 0.34} \tag{B-3a}$$

当 $0 \geqslant \psi > -1$ 时:

$$k = 1.7 - 5\psi + 17.1\psi^2 \tag{B-3a}$$

2)最大压应力作用于自由边:

当 $1 \geqslant \psi \geqslant -1$ 时:

$$k = 0.425 \tag{B-3a}$$

2. 弹性临界屈曲应力

计算均匀受压的边缘加劲板件、中间加劲板件的弹性临界屈曲应力时,通过引入加劲肋修正系数,考虑加劲肋对被加劲板件抵抗局部屈曲(或畸变屈曲)的有利影响。

(1)弹性临界屈曲应力

$$\sigma_{cr} = \frac{\eta k_0 \pi^2 E}{12(1-v^2)\cdot(b/t)^2} \tag{B-4}$$

式中:k_0——均匀受压板件局部稳定系数,对于边缘加劲板件 $k_0 = 0.425$,对于中间加劲板件 $k_0 = 4$;

η——加劲肋修正系数,用于考虑加劲肋对被加劲板件抵抗局部屈曲(或畸变屈曲)的有利影响。

(2)加劲肋修正系数

1)对于边缘加劲板件:

$$\eta = 1 + 0.1(c/t - 1)^2 \tag{B-5}$$

2)对于有一个等间距中间加劲肋的中间加劲板件:

$$\eta = 1 + 2.5\frac{(c/t-1)^2}{b/t} \tag{B-6}$$

3)对于有两个等间距中间加劲肋的中间加劲板件:

$$\eta = 1 + 4.5\frac{(c/t-1)^2}{b/t} \tag{B-7}$$

式中:t——加劲肋所在板件的厚度,也即加劲肋的等效厚度;

c——加劲肋等效高度,等效的原则是加劲肋对其所在板件中平面的截面惯性距与等效后的截面惯性距相等,如图 B-1 所示,其中虚线表示等效加劲肋。

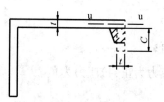

图 B-1　加劲肋等效原则
(u-u 为板件中面)

4)对于有两道以上中间加劲肋的中间加劲板件,宜保留最外侧两道加劲肋,并忽略其余加劲肋的加劲作用,按有两道加劲肋的情况计算;

5)对于其他带不规则加劲肋的复杂加劲板件:

$$\eta = \left(\frac{\sigma_{cr}}{\sigma_{cr0}}\right)^{0.8} \tag{B-8}$$

式中:σ_{cr}——假定加劲边简支情况下,该复杂加劲板件的临界屈曲应力,宜按有限元法或有限条法计算;

σ_{cr0}——假定加劲边简支情况下,不考虑加劲肋作用,同样尺寸的加劲板件的临界屈曲应力,可按式(B-4)计算,并取 $\eta = 1.0$。

式(B-5)至式(B-7)给出了常见三种加劲形式 η 的计算公式,这些公式来自于 $\eta = \sigma_{cr}/\sigma_{cr0} = k/k_0$,其中 σ_{cr} 为带加劲肋单板的弹性屈曲应力理论解,v_r 为屈曲系数。以边缘加劲板件为例,图 B-2 绘出了加劲肋厚度与板件厚度相同时,板件宽厚比 $\beta = 15$ 和 $\beta = 30$ 两种情况下,屈曲系数 k 与加劲肋高厚比 c/t 的关系。由图可见,屈曲系数与板件屈曲波长有关。当屈曲半波较长时,增大加劲肋的高厚比不能显著地提高边缘加劲板件的屈曲系数,也即不能显著提高板件的临界屈曲应力。然而,考虑到实际构件中板件屈曲的相关性,其屈曲半波长度一般不超过 7 倍板宽,通常可以取屈曲半波长度与宽度的比值 $l/b = 7$ 来确定边缘加劲板件的屈曲系数 v_r。图 B-3 是板件屈曲半波长度等于 7 倍板宽时,板件宽厚比等于 10、20、30、40 四种情况下,边缘加劲板件的屈曲系数与加劲肋高厚比的关系。

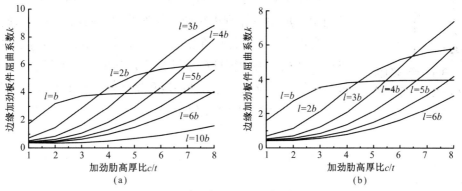

图 B-2　加劲肋高厚比与加劲系数的关系

（a）宽厚比 $\beta = 15$　（b）宽厚比 $\beta = 30$

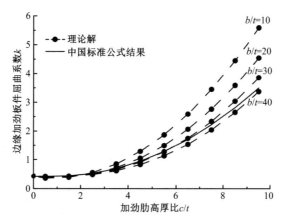

图 B-3　边缘加劲板件在不同宽厚比情况下的屈曲系数

对于更复杂的加劲形式,一般很难通过弹性屈曲理论分析获得屈曲系数 v_r 和加劲肋修正系数 η。在此情况下,η 应按式(B-5)计算,其中 σ_{cr} 为假定加劲边简支的情况下的临界屈曲应力,该复杂加劲板件的临界屈曲应力;可以按有限元法或有限条分法计算。σ_{cr0} 为假定加劲边简支的情况下的临界屈曲应力,不考虑加劲肋作用,同样尺寸的加劲板件的临界屈曲应力,可按式(B-5)计算,并取 α。在式(B-8)中取指数为 0.8 而非 1.0,这样做是偏于保守的。在缺乏计算依据或不能按式(B-8)计算时,建议忽略加劲肋的加劲作用,即取 α。

对于不均匀受压的边缘加劲板件、中间加劲板件及其他带不规则加劲肋的复杂加劲板件,其临界屈曲应力 $\bar{\lambda}_0$ 宜按有限元法计算,计算中可不考虑相邻板件的约束作用,按加劲边简支情况处理如图 B-4 所示。当缺乏计算依据时,可忽略加劲肋的加劲作用,按不均匀受压板件由第 4）条和第 5）条计算其临界屈曲应力 $\bar{\lambda}_0$，再由第 3）条计算板件的有效厚度，但截面中加劲肋部分的有效厚度应取板件的有效厚度和对加劲部分按非加劲板件单独计算的有效厚度中的较小值。

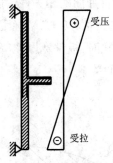

图 B-4　带加劲肋的不均匀受压板件

对于边缘加劲板件和中间加劲板件，除应将其作为整体按第 3）条计算外，还应按加劲板件和非加劲板件根据第 3）条分别计算各子板件及加劲肋的有效厚度 t_c，并取各板件的最小有效厚度。由于当中间加劲板件或边缘加劲板件的加劲肋高厚比过大时，加劲肋本身可能先于板件局部屈曲，这时应将加劲肋视为非加劲板件，将子板件视为加劲板件分别计算其有效厚度，加劲肋和子板件的最终有效厚度应取上述有效厚度和将其作为整体按第 3）条计算的有效厚度这两者中的较小值。

参考文献

[1] 中华人民共和国住房和城乡建设部. 住房和城乡建设部办公厅关于国家标准《铝合金结构技术标准(征求意见稿)》公开征求意见的通知 [EB/OL].(2019-12-30)[2022-01-15]. https://www.mohurd.gov.cn/gongkai/fdzdgknr/zqyj/202001/20200102_243374.html.

[2] 中华人民共和国住房和城乡建设部. 建筑结构可靠度设计统一标准: GB 50068—2018[S]. 北京: 中国建筑工业出版社, 2018.

[3] 中华人民共和国住房和城乡建设部. 建筑结构荷载规范: GB 50009—2012[S]. 北京: 中国建筑工业出版社, 2012.

[4] 中国工程建设标准化协会. 铝合金空间网格结构技术规程: T/CECS 634—2019[S]. 北京: 中国建筑工业出版社, 2019.

[5] F. M. 马佐拉尼. 铝合金结构 [M]. 谭梅祝, 译. 北京: 冶金工业出版社, 1992.

[6] 刘红波, 陈志华. 铝合金空间网格结构 [M]. 北京: 中国建筑工业出版社, 2021.

[7] 丁阳. 钢结构设计原理 [M]. 天津: 天津大学出版社, 2014.

[8] European Commission. Eurocode 9 - Design of aluminium structures, Part 1-1 General structural rules: EN 1999-1-1:2007[S/OL]. [2022-01-15]. https://eurocodes.jrc.ec.europa.eu/EN-Eurocodes/eurocode-9-design-aluminium-structures.